茶艺与茶文化专业系列教材

茶调饮制作

王雪莲　舒小红　刘蕾蕾　陈　宇　**主　编**
陈　涛　邹晓慧　邓心莲　徐　娟　钟　梅　**副主编**

旅游教育出版社
·北　京·

数字资源总码

图书在版编目（CIP）数据

茶调饮制作 / 王雪莲等主编. -- 北京 : 旅游教育出版社, 2025. 9. -- （茶艺与茶文化专业系列教材）.
ISBN 978-7-5637-4876-1

Ⅰ. TS275. 2

中国国家版本馆 CIP 数据核字第 2025G5T921 号

茶艺与茶文化专业系列教材

茶调饮制作

王雪莲　舒小红　刘蕾蕾　陈　宇　主编

陈　涛　邹晓慧　邓心莲　徐　娟　钟　梅　副主编

总 策 划	丁海秀
执行策划	赖春梅
责任编辑	赖春梅
出版单位	旅游教育出版社
地　　址	北京市朝阳区定福庄南里 1 号
邮　　编	100024
发行电话	（010）65778403　65728372　65767462（传真）
本社网址	www.tepcb.com
E - mail	tepfx@163.com
排版单位	北京知壹文化传播有限公司
印刷单位	天津雅泽印刷有限公司
经销单位	新华书店
开　　本	710毫米×1000毫米　1/16
印　　张	15.75
字　　数	235 千字
版　　次	2025 年 9 月第 1 版
印　　次	2025 年 9 月第 1 次印刷
定　　价	66.00 元

（图书如有装订差错请与发行部联系）

茶艺与茶文化专业系列教材

编委会

茶调饮制作

编委会

主　编：

王雪莲　大连职工大学

舒小红　华中农业大学

刘蕾蕾　陕西旅游烹饪职业学院

陈　宇　大连市烹饪中等职业技术学校

副主编：

陈　涛　重庆市渝中区职业教育中心

邹晓慧　大连职工大学

邓心莲　重庆荟茗茶业有限公司

徐　娟　浙江农林大学

钟　梅　葡言茶语文化传播（昆明）有限公司

编　委：

任　芳　龙约文化

李佳衡　唐山梅姑娘茶叶有限公司

周辉霞　重庆卿山茶业有限公司

李旗芳　温润泡茶舍

总序 PREFACE

茶者，南方嘉木也。江南烟雨浸润千年，茶香氤氲间沉淀着中华文明的精魄。在习近平总书记关于“三茶统筹”战略的引领下，在旅游强国与文化强国建设的时代召唤中，中国职业技术教育学会智慧文旅职业教育专业委员会、全国旅游职业教育教学指导委员会景区与休闲类专业委员会携旅游教育出版社、浙江旅游职业学院，广邀全国二十余所院校中的多位茶学专家学者与行业大师，如春茶吐蕊在全国率先出版“茶艺与茶文化专业系列教材”。这既是对传统茶道精神的现代诠释，也是对优秀传统茶文化的有效传承，更是旅游职业教育服务国家战略的生动实践。

茶艺与茶文化，作为“东方生活的美学范式”，承载着中华民族天人合一的哲学智慧，更是满足现代人民对美好生活需要的重要组成。新时代职业教育肩负着培养技术技能人才与文化传承者的双重使命，本系列教材以“一片叶子”为媒介，将茶树相关资源保护、非遗制茶工艺、现代文旅融合等要素熔铸其中，构建起贯通历史与未来、联结农业与文旅的知识体系与能力图谱。作为国家新版职教专业标准颁布后的首批配套教材，我们构建了“三维立体化”的编写体系：纵向贯穿“茶叶种植－精深加工－文化传播－旅游服务”产业链，横向融合农业类与旅游类院校的专业优势，深度嵌入中华茶文化与创新等教学资源库的数字化资源。特别是创新采用模块化、项目化、情境化等课程教学改革设计，每个教学单元不仅遵循案例或任务导入、工作过程或任务解析、技能训练与实践、学习效果检测与拓展等任务驱动的原则，而且包含标准教学视频、虚拟仿真实训或教学微课等新形态元素，从而使得诸如“西湖茶宴的意境营造”与“普洱茶渥堆发酵技术”等专业知识得以在数字空间完美呈现。这种“三维立体化”的教材编写模式，正是专业“五金”新基建理念的具象化表达。

本系列教材的编写团队秉持“三跨三融”原则——跨地域组建团队、跨领域整合资源、跨时空共享成果，融通标准、融汇技艺、融合文化，这已然成为本套教材的鲜明特色。例如，广西职业技术学院带来六堡茶制作技艺的国家级非遗传承经验，江苏农林职业学院贡献茶叶深加工领域的科研成果，新疆农业职业技术大学注入边疆茶文化传播的鲜活案例等。这种“东茶西引、南北互鉴”的协同机制，打破了传统教材编写的学科壁垒和区域隔阂。在本系列教材中，《茶文化》《茶席设计与茶会组织》《茶空间花艺》《茶树栽培与茶园管护》等将茶园的生态景观、文化主题、多元场景等转化为教学情境，《茶调饮制作》《茶叶审评》用创新时尚理念来引领茶学科严谨厚重的知识传达，凡此种种努力，无不彰显着协同创新的力量。本系列教材还特别设计“四阶递进式”教学模块：从茶叶、茶园认知的“识茶明理”，到加工实训的“制茶悟道”，从茶艺展演的“事茶修心”，到文旅融合的“传茶致远”。每个模块均坚持“岗课赛证”融通的思想理念，既对接评茶员、茶艺师等职业标准，又衔接全国职业技能大赛规程。更值得关注的是，教材创新设置《茶调饮制作》《茶空间花艺》《茶馆经营管理》等文旅生活领域的应用项目，让课堂真正成为文化传承与产业创新、文旅深度融合的耦合点。

本套教材既可作为中高本旅游类相关专业教学用书，也可作为茶艺与茶文化相关从业人员和社会人士借鉴与参考的读本。本套教材共有15本，在教材出版的同时，同步上线智慧职教等智慧教育平台，实现“纸质教材＋移动端资源＋虚拟仿真系统”的全场景覆盖。我们期待，当新疆学子通过AR技术复原宋代点茶技艺，当海南学生借助数字地图溯源茶马古道，这些浸润着江南茶韵却不止于江南的教材，能培育出新时代的“茶文化摆渡人”，让中国茶香飘向世界各地。

作为全国首套“茶艺与茶文化专业系列教材”，汲取了同行许多研究和实践成果，在此一并表示感谢。同时编写中也一定还有诸多不足和遗漏之处，恳请读者批评指正，我们将在今后再版过程中予以完善和修正。

杜兰晓　教授

中国职业技术教育学会智慧文旅职业教育专业委员会　执行主任

浙江旅游职业学院　校长

前言 FOREWORD

茶，这一源自东方的古老饮品，承载着千年的历史沉淀，以其独特的韵味与丰富的文化内涵，成为连接人与自然、过去与现在的桥梁。

随着时代的发展，茶的饮用方式也在不断演变，从食用到饮用，从传统的清饮到现代的创新调饮，茶的世界愈发多姿多彩。茶调饮，作为茶文化的新篇章，将茶与各种食材巧妙融合，创造出既保留茶之本色，又富含新意与风味的新式茶饮。这一变化，满足了现代人对于口感多样性的追求，更赋予了茶新的生命力和时代特色。

本教材的编写，旨在为广大茶文化爱好者、茶饮从业者、院校师生及对茶调饮制作感兴趣的读者提供一份全面而实用的指南。希望通过系统的知识介绍、详尽的步骤解析以及丰富的实例演示，助力读者深入理解茶调饮的精髓，掌握其制作技艺，在日常生活、工作和学习中调制出既美观又美味的茶饮品，从而加深对茶文化的理解与认同，享受那份由内而外的悠然与喜悦。

本书内容涵盖了茶的基础知识、调饮原料的选择与搭配、基础调饮技法、经典茶调饮配方、茶饮推介以及创新茶调饮设计思路等多个方面。注重理论与实践的结合，既有深入浅出的理论知识讲解，也有易于操作的实践指导，力求使读者在学习过程中既能增长知识，又能提升技能。

此外，本书写作过程中邀请了多位资深茶艺师、调饮师参与本书的编写与审阅，确保内容的权威性与实用性。他们的宝贵经验与独到见解，无疑为本书增添了更多的光彩与价值。

在此，衷心希望这本《茶调饮制作》教材能够成为您探索茶调饮世界的钥匙，引领您走进一个充满惊喜与创意的茶香世界。愿每一位读者都能在茶的旅途中，找到属于自己的那份静谧与美好，让茶成为生活中不可或缺的一部分，共同传承与发展这一悠久的茶文化。

编　者

目录 CONTENTS

项目一

承古茶之韵 谱调饮新篇

思维导图

项目一　承古茶之韵　谱调饮新篇

- 任务一　古今茶韵，茶调饮的历史变迁
- 任务二　匠心独运，茶调饮的新纪元

学习目标

- 了解茶调饮的起源和发展。
- 知道不同历史时期茶饮的特点。
- 了解新茶饮行业的现状和发展趋势。
- 知道茶饮行业的职业前景。
- 能够思考自己的职业道路和发展方向。
- 深入了解并认识中华文化的博大精深与独特魅力，以此增强对民族文化的自豪感与自信心。
- 基于对文化的深刻自信，培养对国家和民族的强烈认同感，进而深化家国情怀。

佳茗是一位刚刚迈出校园踏上社会征途的女孩，她年轻时尚，喜欢追逐流行元素，尤其喜爱新式茶饮。她对尝试不同种类的茶饮充满无限的热情和好奇，每当她踏入一家饮品店，都会被那些色彩斑斓、创意十足的饮品所吸引。正是这份热爱和追求，让她开始关注中国茶文化，她发现每一款茶饮背后，都蕴含着丰富的历史文化和独特的制作工艺。源于这份热爱，她将自己的第一份工作定格在一家充满创意与活力的茶饮店——原叶悠享饮品店，成了一名调饮师。

任务一　古今茶韵，茶调饮的历史变迁

中国茶文化源远流长，历经千年的沉淀与传承，其早期的表现形式便是以茶调饮为核心。这种茶调饮的形式不仅展现了古代中国人的智慧与对茶的热爱，更成了中国传统文化中一道独特的风景线，历经岁月的洗礼，至今仍焕发着无穷的魅力与活力。

任务描述

随着工作的深入，佳茗愈发感受到中国茶文化的博大精深，对于茶调饮的起源、发展以及背后的文化内涵，她心中还有一些疑问和不解：茶调饮是从何时开始萌芽？最初发源于哪个国度？茶调饮又是如何经历变迁，演变成今日这般丰富多彩的……带着这些问题，佳茗来到中国茶叶博物馆，开启了茶调饮溯源之旅。

任务分析

茶调饮历史变迁是一个丰富多彩且充满文化底蕴的过程，它不仅反映了饮茶方式的演变，更体现了不同时期的社会风貌、文化习俗以及人们对茶的理解和追求，可以通过以下脉络探索学习。

茶调饮历史变迁

- 起源
  - 上古时代
- 萌芽阶段
  - 先秦
  - 秦汉
  - 三国
  - 魏晋南北朝
- 发展与兴盛
  - 唐代
  - 宋代
  - 元代
- 转变
  - 明清
  - 现代

茶饮历史变迁

任务实践

一、茶调饮的起源与萌芽

（一）先秦时期

中国是最早发现和利用茶叶的国家。茶叶的发现通常与传说中的神农氏相关联。“神农尝百草，日遇七十二毒，得茶而解之”在我国广为流传，影响深远，这在《神农本草经》《史记 · 三皇本纪》等书中均有记载。这一传说揭示了茶最初是被作为药用植物来利用的。《尔雅》是中国最早的一部辞书，成书于战国或两汉之间，书中记载：“槚”（jiǎ），苦茶。据晋代郭璞《尔雅注》释曰：“树小如栀子，冬生，叶可煮羹饮。”这是茶叶用于羹饮（类似现代的煮菜汤）的最早记录。由此看出，茶叶的利用方式已经超越了单纯的药用阶段，逐步向食用领域延伸，从药用到生吃再到生煮羹饮，这一转变也正是茶调饮的最初雏形。许多少数民族地区现在还保留有以茶作菜的风俗，如云南省基诺族至今仍有吃“凉拌茶”的习惯。茶做羹饮的另一种方式是早期的擂茶，流传于湖南、湖北、江西、福建、广西、广东、贵州等少数民族地区，是以生茶叶、生姜、生米三种生材料混合研碎加水煮成的汤饮，又称“三生汤”。

擂茶

（二）秦汉时期

清初学者顾炎武在《日知录》中写道："自秦人取蜀而后，始有茗饮之事。"这句话是说，在秦国吞并巴蜀地区之后，各地对茶的饮用才开始。西汉末年王褒的《僮约》中有"武阳买茶""烹茶尽具"的记载，说明西汉时期茶叶已经开始作为商品进行买卖。尽管没有直接的文献记载表明秦汉时期已有明确的茶调饮方法，但是可以推测，当时的人们可能已经在煮茶时添加了一些辅料，以改善茶叶的口感。

（三）三国时期

到了三国时期，饮茶文化得到了进一步的发展。魏人张揖在《广雅》中明确记载了当时荆巴地区制茶与饮茶的方法："荆、巴间采叶作饼，叶老者，饼成，以米膏出之。欲煮茗饮，先炙令赤色，捣末置瓷器中，以汤浇覆之，用葱、姜、橘子芼之。"这里说的是三国时期出现了简单的茶叶加工方式，饮茶方式也由之前的生煮转变为炙烤后煮饮，指出当时人们煮茶时会加入葱、姜、橘子等辅料，形成了一种调饮的方式。这种混煮羹饮的方法，不仅掩盖了茶叶本身的苦味和涩感，还使得茶汤更加可口，这种饮茶方法一直流行到魏晋南北朝时期。

二、茶调饮的发展时期

唐宋是中国茶文化的兴盛时期，茶叶加工、饮茶方法及茶文化的社会影响都比前朝有了显著的进步和发展。

（一）唐代

唐代饮茶方式从早期的煮茶向煎茶过渡。煎茶即将饼茶炙烤，碾碎，筛成细末后，放入开水中煮制。煎茶注重茶汤的熬制和调味，特别是加盐以改变茶之苦涩，增其甜度。

唐朝商品经济蓬勃发展，茶叶贸易日益繁荣，逐渐传播到边疆少数民族，随着茶马互市制度的兴起，中原与边疆地区的茶叶贸易往来日益频繁。边疆地区的游牧民族在饮用茶的过程中，将奶制品与茶叶混合在一起饮用，从而形成了奶茶的雏形。奶茶文化也通过丝绸之路等贸易路线传播到了中亚、西亚、

唐法门寺地宫出土的鎏金茶具（中国茶叶博物馆）

阿拉伯地区甚至欧洲等地，在这些地区奶茶得到了进一步的改良和发展，形成了各具特色的奶茶文化。

（二）宋代

宋代的饮茶方式在唐代的基础上进一步发展，饮茶风俗从上层社会、文化人士推向民间百姓，大大小小的茶肆、茶坊在街头巷尾随处可见。宋代饮茶方式以点茶为主，点茶不仅代表了宋代茶文化的巅峰，也体现了当时人们对茶叶品味和审美的追求。点茶是将茶碾成细末，置于茶盏中，通过多次注水、击拂等手法使茶汤表面形成细腻的泡沫；点茶注重茶汤的泡沫和色泽。宋代点茶与以往的调饮茶显著的区别是茶汤中不再加盐和其他调味品，以避免云脚早散。在宋代民间或特定场合，茶调饮的方式仍然存在并有所发展。人们会根据个人口味和地域文化，在茶中加入不同的调料或食材，如盐、姜、葱、花椒等，以调整茶的口感和风味。这种茶调饮的方式虽然不如点茶法那样主流和精致，但也反映了宋代茶文化的多样性和包容性。

（三）元代

元代则融合了蒙古和汉族的饮茶习惯，形成了独特的茶调饮风格。元代茶调饮的发展呈现出新的特点。人们饮茶已逐渐减少了对香料的使用，取而代之的是更具有蒙古特色的酥油、炒米等。这种以酥油入茶的饮用方式逐渐传播到汉族和其他民族，形成了独特的茶调饮风格。此外，元代时期散茶的普及和泡茶法的使用也为茶调饮的发展提供了新的可能，人们开始尝试将散茶与不同的食材或调料混合冲泡，以创造出更多样化的茶饮品。

蒙古族奶茶

三、茶调饮的转变时期

（一）明代

明代是茶叶生产的重大转型期。明太祖朱元璋在洪武二十四年（1391年）下诏令：“罢造龙团，惟采芽茶以进。”这一决定标志着团饼茶在皇室用茶中的地位被正式废除，同时促进了散茶的发展和普及，也引发了茶饮方式和泡茶用具的重大变革。人们逐渐放弃了唐宋时期烦琐的煎汤和点茶程序，转而采用更为简约的沏泡方式。这种新的饮茶方式更加强调茶叶本身的品质和口感，同时也更加符合当时社会生活节奏加快的需求。

（二）清代

清代前期，中国的茶叶对外贸易空前繁荣，茶叶成为中国最重要的出口商品，曾一度垄断了整个世界市场。在国内，茶更加贴近百姓生活，茶文化逐渐从上层社会走向普通百姓，变得更加世俗化和普及化。清代茶馆行业繁荣鼎盛，各类茶馆遍布城乡，包括书茶馆、戏茶馆、茶食店等，这些茶馆类型在清代的不同时期都有所发展和繁荣。

清代的统治者，尤其是康熙、乾隆皆好饮茶，乾隆首倡了重华宫茶宴，每年于元旦后三日举行，茶宴上喝的三清茶是乾隆皇帝独创的特饮，以凌寒不凋谢的梅花、松子仁、寓意“福寿”的佛手柑，三种寓意清雅高洁的东西组合成特饮。清宫饮茶既沿袭了明代泡制清茶、花茶等旧俗，又融入烹制奶茶等游牧民族的饮食习惯，并发挥茶叶的药用功能，以茶入药，制成代饮茶。

鸦片战争后，中国逐渐沦为半殖民地半封建社会，茶叶生产和贸易受到严重冲击。随着印度、锡兰等地的茶叶种植面积迅速扩大，产量急剧增加，在国际市场上与中国茶叶形成激烈竞争，再加上国内社会动荡，政府腐败，经济遭受重创，中国茶叶在国际市场上的竞争力逐渐减弱并走向衰落。

四、现代茶调饮

中国茶叶的发展历史是一部充满曲折与反复的史诗。从繁荣到衰落再到复兴的过程中，中国茶叶经历了无数的挑战和机遇。

改革开放以来，随着经济的快速发展和人民生活水平的提高，茶叶消费逐渐增加。茶叶生产规模不断扩大，中国茶叶在国际市场上的竞争力逐渐增强，茶叶出口量稳步增长。现代茶叶科技也取得良好的发展与成就，传统制茶工艺技术得到进一步提高，茶叶加工的机械化、自动化进程加快，新型茶产品不断开发，茶叶天然产物提取与

拾叁茶 南京

tea'stone 上海

利用在世界处于领先地位。

进入现代社会后，随着消费者需求的多样化和茶饮市场的竞争加剧，现代茶调饮不断创新和发展，成为茶饮市场的重要组成部分。现代茶调饮不仅是一种饮品，更是一种文化现象，它传承了传统茶文化，同时融入了现代元素，成为现代生活的一部分。

相关知识

一、点茶及其现代应用

点茶起源于唐代中晚期，兴盛于两宋，是宋代饮茶的主流形式，它不仅体现了当时人们对茶文化的热爱和追求，也反映了社会的审美观念和生活方式。宋徽宗赵佶在其所著的《大观茶论》中对于点茶有详细记述："点茶不一。而调膏继刻，以汤注之，手重筅轻，无粟文蟹眼者，调之静面点。盖击拂无力，茶不发立，水乳未浃，又复增汤，色泽不尽，英华沦散，茶无立作矣……"文中描述了点茶过程中的调膏、注水、击拂等步骤和技巧，以及如何通过观察茶汤的变化来调整手法和力度，以达到最佳的点茶效果。文中尤其提到了"七汤点茶法"，通过七个步骤分次注水、击拂，从最初的"调如融胶"，到最后的"乳雾汹涌"，每一步都体现了精细的操作和恰到好处的掌握。"七汤点茶法"是宋代茶艺的精髓，展现了茶文化的深厚底蕴和独特魅力。

随着传统文化复兴潮流的兴起，宋代茶文化深受当代人的关注和喜爱。仿宋点茶经常出现在各种雅集聚会、文化体验、会晤宴请等场合中，成为连接古今、传递文化的重要桥梁。仿宋点茶的展示与互动体验为这些聚会增添了古典与雅致的气息，更让参与者在品味茶香的同时，体验宋人的极致生活美学，感受宋代茶文化的博大精深。一些茶饮店将宋代茶饮文化融入现代茶饮中，推出了多种富有创意的产品，如《梦华录》同款宋代点茶，人们可以用茶筅击拂，可以在茶上作画，并搭配精美的茶签，精致的小食，雅致的花卉。这些产品不仅保留了传统点茶的精髓，还融入了现代审美和元素，为消费者带来了全新的茶饮体验。

仿宋点茶

二、奶茶的传播与发展

《西藏政教鉴附录》中明确记载“茶叶自文成公主入藏也” 。唐朝时期，文成公主与松赞干布成亲时，陪嫁的嫁妆除了金银首饰、绫罗绸缎，还带去了茶叶。初到西藏，文成公主并不适应那里多肉少菜的饮食结构，为了解腻，她经常吃完牛羊肉后喝些茶，她发现把茶倒进奶之后，口感更好，这就是最初的奶茶。上有所好，下有所效，在文成公主的带动下，饮茶蔚然成风。后来藏族同胞又在此基础上加入了酥油、糖、盐巴等，形成了流传至今的酥油茶。

随着丝绸之路的开通，奶茶被带入印度。印度人在奶茶中加入香辛料以提升口感，进一步丰富了奶茶的风味。关于英国奶茶的起源有两种说法：一是英国人在印度学到了奶茶的品饮方式后将其带回英国；二是 17 世纪初，荷兰使节在中国广州品尝到加了奶的红茶后，将其带回荷兰并传播到英国。1841 年，英国侵占香港，将奶茶和下午茶文化带到香港。香港人在英式奶茶的基础上进行调整，研制出了港式奶茶。荷兰在殖民统治台湾期间，将奶茶带入台湾。台湾人在荷式奶茶的基础上加入“珍珠”，这就是现在大众所熟知的珍珠奶茶。

随着奶茶在港台地区的广泛流行，这一潮流逐渐传入内地并迅速发展。内地消费者对饮品口味和品质的追求日益提升，直接推动了奶茶行业的创新与发展。随着消费者健康意识的增强和对奶茶口味多样化的追求，茶奶品牌开始注重产品的健康属性，推出原叶萃取搭配新鲜牛奶，打造低糖、低脂、无添加等健康型奶茶产品；从早期的台式珍珠奶茶发展到今天的奶盖茶、芝士茶等多种品类，茶饮品牌在产品创新上不断突破。

不同地区常见奶茶

奶茶名称	主要原料	相关图片
藏族酥油茶	酥油、砖茶、食盐	
印度奶茶	红茶、牛奶、糖以及各种香料，如肉桂、小豆蔻、丁香、姜片、黑胡椒等	

续表

奶茶名称	主要原料	相关图片
英式奶茶	红茶、牛奶、糖	
港式奶茶（丝袜奶茶）	红茶、炼乳、牛奶、白砂糖等	
台湾奶茶（珍珠奶茶）	红茶、牛奶、珍珠、糖	

训练与拓展

1. 知识巩固

• 填空题

（1）茶叶从药用到生吃再到生煮羹饮，这一转变是茶调饮的 ________。

（2）唐代饮茶方式从早期的煮茶向 ________ 过渡。

（3）边疆地区的游牧民族在饮茶时，将奶制品与茶叶混合在一起饮用，从而形成了 ________ 的雏形。

（4）宋代点茶与以往的调饮茶显著的区别是茶汤中不再加 ________ 和其他调味品。

• 选择题

（1）关于秦汉时期的茶调饮方法，以下哪一项描述最符合推测？（　　）

A. 已有明确的茶调饮方法记载

B. 人们通常直接饮用未经处理的茶叶

C. 人们可能在煮茶时添加了辅料

D. 茶叶主要用于药用而非饮用

（2）下列哪项不是宋代点茶所注重的方面？（　　）

A. 茶汤的泡沫　　B. 茶汤的色泽

C. 茶叶的形态　　D. 注水和击拂的手法

（3）清宫饮茶中，哪种特饮是乾隆皇帝独创的，由梅花、松子仁、佛手柑三种清雅高洁的东西组合而成？（　　）

A. 龙井茶　B. 三清茶　C. 普洱茶　D. 铁观音

4. 现代茶调饮在茶饮市场中的角色是。（　　）

A. 重要组成部分　　B. 不重要的补充

C. 边缘化产品　　D. 即将被淘汰的饮品

• 判断题

（1）三国时期，饮茶文化得到了进一步的发展。魏人张揖在《广雅》中明确记载了当时荆巴地区制茶与饮茶的方法："荆、巴间采叶做饼，叶老者，饼成，以米膏出之。"（　　）

（2）现代茶调饮不仅是一种饮品，更是一种文化现象，它传承了传统茶文化，同时融入了现代元素，成为现代生活的一部分。（　　）

2. 技能精进

简述中国茶调饮的形成与发展。

3. 领域拓展

结合当前社会文化背景和消费者需求的变化，探讨现代茶调饮的未来发展趋势，提出你对现代茶调饮发展的见解和建议。

学习评价

内容		评价								
评价项目	评价要素	自评			互评			教师评		
		优秀	较好	待改进	优秀	较好	待改进	优秀	较好	待改进
专业知识	中国茶饮的起源与发展									
	宋代点茶的制作方法与特点									
	奶茶的起源及发展									
专业能力	能介绍中国茶饮的历史发展与变迁									
	能说出宋代点茶的制作方法与特点									
	能简要介绍奶茶的起源及发展									
通用能力	协作能力									
	创新能力									
	沟通能力									
	审美能力									
情感态度	文化自信									
	家国情怀									
	求真务实									
	守正创新									
备注	优秀（5分）；较好（3～4分）；待改进（0～2分）									

参考答案

任务二　匠心独运，茶调饮的新纪元

随着健康饮食观念的普及和新式茶饮的兴起，消费者对高品质、健康营养的茶饮需求日益增加，为调饮师提供了广阔的就业和创业空间。具备专业技能和创新能力的调饮师将在这个领域中获得更多的机会和发展空间。

任务描述

在深入探究茶调饮的起源、发展历程及其背后丰富的文化内涵之后，佳茗不仅掌握了更多关于茶叶的专业知识，还开始思索如何在自己的工作中，以新颖且富有创意的方式，将这份宝贵的传统文化融入饮品创作之中。与此同时，佳茗也开始思考更为深远的问题：在这个日新月异的时代洪流中，作为调饮行业的一员，她的个人职业前景如何？她的职业规划又将如何绘制？带着这些憧憬，佳茗再次踏上了探索之旅。

任务分析

近年来，新茶饮的兴起不仅丰富了消费者的饮品选择，也推动了调饮行业的快速发展，进而催生了调饮师这一新兴职业。2021 年 3 月，中华人民共和国人力资源和社会保障部（以下简称“人社部”）、国家市场监督管理总局、国家统计局正式将调饮师列为新职业。2023 年 9 月，人社部公布了《调饮师国家职业标准（2023 年版）》，这一职业得到了国家层面的认可和规范，为从业人员提供了更加明确的职业发展方向和晋升机会。

调饮师职业因调饮行业的快速发展而兴起，成为就业市场中的新潮力量。深入分析调饮行业现状、行业未来发展及调饮师职业发展前景有助于从业人员坚定职业目标及信心，也可以吸引更多有为之士投身到调饮行业中，助力行业更快更好地发展。

任务实践

一、新茶饮行业现状

（一）市场规模不断扩大

新茶饮作为调饮行业中近年来快速崛起的一个领域，以其独特的魅力和市场潜力吸引了众多消费者的关注，无论是逛街、休闲、工作等场景，新茶饮都成了人们的热门选择。新茶饮成交额已突破较高水平，且仍在不断上升。《2023 新茶饮研究报告》显示，全年新茶饮消费市场规模约为 1498 亿元，预计到 2025 年，中国新茶饮市场规模将扩大到 3749.3 亿元。

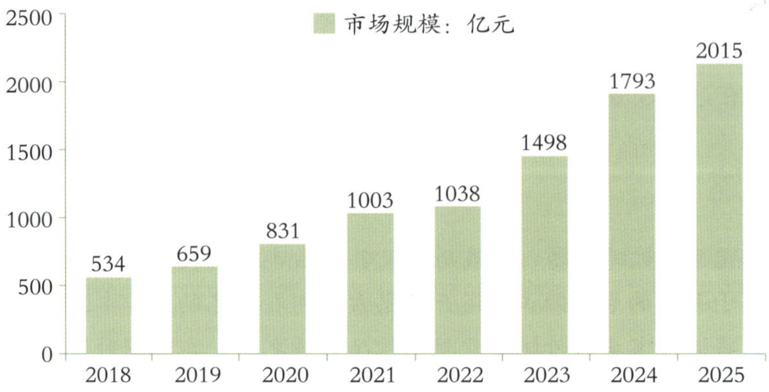

2018—2025 年中国新茶饮消费市场规模预测趋势图

数据来源：中商情报网

新茶饮行业在全球范围内展现出了迅猛的发展势头，中国茶饮企业已积极拓展至欧美、东南亚等多个国际市场，开设门店超万家。茶饮品牌通过探索新的市场与增长点，进一步巩固和提升国际影响力。这一趋势也标志着中国茶饮文化正逐步走向世界舞台，受到越来越多国际消费者的青睐。

（二）产品创新多样化

新茶饮茶品

新茶饮涵盖了水果茶、鲜奶茶、气泡茶、冷泡茶以及奶盖茶等多种类型。近期，茶饮界又掀起了一股养生茶饮的热潮，一些饮品店尝试将花草、中药材、咖啡、酒酿等多种元素融入饮品之中，推出了融合中药元素的奶茶、茶咖、茶酒等融合饮品，以此打造出独具风味且兼具特定功效的新式茶饮。

（三）品牌竞争激烈

调饮行业品牌林立，无论是传统奶茶巨头还是中式茶饮新秀，都加速了扩张步伐，竞争态势愈发激烈。据统计，从新茶饮市场规模看，蜜雪冰城以超过 3 万家门店的数量稳居第一；古茗紧随其后，拥有 9000 家门店；茶百道凭借 7900 多家店的成绩位居第三，其他新茶饮品牌中，沪上阿姨和书亦烧仙草追得很紧，门店数在7000 ~ 8000家，紧随其后的甜啦啦、益禾堂、CoCo门店数量在5000 ~ 6000家；喜茶、1點點、霸王茶姬的门店数量在3000家左右。

为了在激烈的市场竞争中脱颖而出，各大品牌纷纷加大在产品创新与营销策略上的投入，不断推出富有特色的产品和吸引人的主题活动。此外，对新式茶饮品牌来说，进军布局瓶装饮料市场是拓展业务边界的重要举措，奈雪的茶和喜茶瓶装饮料业务已占领了一定的市场份额，成功拓展了业务范围并提升了品牌影响力。

（四）人才培养受重视

随着调饮行业的发展，专业人才的需求量日益增加。人社部将“调饮师”纳入新职业工种，相关的培训机构和职业院校也加强了调饮师的培训工作，完善培训体系和课程设置，为行业输送更多高素质的专业人才。一些大型饮品企业也注重内部员工的培训和培养，提升员工的调饮技能和服务水平。

（五）与其他行业融合趋势明显

调饮行业与餐饮行业的融合日益显著，众多餐厅、酒店纷纷增设特色饮品服务，调饮师与餐饮行业的合作变得愈发紧密，不仅为餐厅设计并制作各式各样的饮品，还致力于将饮品与餐饮菜品完美搭配，共同营造出独特的餐饮氛围。

安徽宏村文创奶茶冰激凌

与此同时，调饮行业与文化、旅游等行业的结合也日益加深。许多地方巧妙地将调饮与当地的文化特色相融合，创造出独具地域风情的茶饮产品，丰富了游客的旅游体验，促进了当地经济的发展。

二、调饮行业发展趋势

（一）健康化

消费者对健康的关注度不断提高，未来调饮行业将更加注重饮品的健康属性。低卡、低糖、无添加的饮品将成为市场的主流，调饮师们会更多地选用天然的原料和健康的配料，如新鲜水果、优质茶叶、植物蛋白等，以满足消费者的需求。

具有养生功效的茶调饮产品将受到更多消费者的青睐，例如将中药材与茶饮相结合的养生茶，以及添加了益生菌、膳食纤维等成分的功能性饮品。

（二）智能化

随着科技的不断进步，智能化设备将在调饮行业得到广泛应用。智能调饮机可以实现自动精准计算出料、快速制作饮品，提高制作效率和出品质量，同时也便于门店的管理和运营。线上点单系统、智能支付等技术的应用也将为消费者提供更加便捷的购物体验，提升门店的服务水平。

（三）个性化

消费者的需求越来越个性化，定制化的新茶饮服务将成为未来的发展趋势。调饮师可以根据消费者的口味偏好、健康需求等因素，为其量身定制专属的饮品，满足消费者的个性化需求。一些茶饮店已经开始提供个性化的服务，例如允许消费者自由选择原料、甜度、冰度等，未来这种服务模式将更加普及。

（四）品牌化与连锁化

品牌建设将成为调饮企业的重要发展战略。具有良好品牌形象和口碑的企业将更容易获得消费者的认可和信任，在市场竞争中占据优势。品牌企业将通过不断提升产品质量、服务水平和创新能力，加强品牌的推广和宣传，提高品牌的知名度和美誉度。

连锁经营模式可以实现规模效应，降低成本，提高市场占有率。未来，调饮行业的连锁化程度将不断提高，品牌企业将通过直营或加盟的方式快速扩张门店数量，拓展市场份额。

（五）文化融合

调饮行业将更加注重与传统文化的融合。中国茶文化源远流长，将传统茶文化与现代调饮技术相结合，推出具有文化内涵的调饮产品，不仅可以满足消费者对饮品的需求，还可以传承和弘扬中国传统文化。同时，国际文化交流也将促进茶调饮行业的发展，调饮师们可以借鉴国外的调饮文化和技术，创新出具有国际特色的新茶饮产品，推动中国调饮行业走向世界。

三、调饮师职业前景与职业发展

（一）人才需求持续上升

在中国经济持续稳定发展的前提下，随着居民可支配收入的增长，人们生活水平的提高和消费观念的转变，饮品已经成为人们日常生活中的重要消费品类，这为调饮师提供了稳定的市场需求。茶饮市场的快速扩张，促使茶饮店数量不断增加，对调饮师的需求也随之增长。据相关数据统计，我国调饮市场规模仍在以较高的速度增长，这为调饮师带来了更多的就业机会。

（二）职业发展空间大

门店内部晋升：在饮品店中，调饮师可以从初级调饮师逐步晋升为高级调饮师、调饮训练师、店长助理、店长等管理职位。随着职位的提升，薪资待遇和职业发展前景也会不断改善。例如，一些大型连锁饮品品牌为调饮师提供了明确的晋升通道和职业发展规划，鼓励员工不断提升自己的技能和管理能力。

技术研发方向：对于具有创新能力和研发经验的调饮师，可以专注于茶饮品的研发工作，开发新的茶饮品配方和口味，为茶饮店提供独特的产品优势。优秀的调饮师研发出的爆款饮品，能够为茶饮店带来巨大的经济效益，同时也能提升自己在行业内的知名度和影响力。

创业机会：积累了一定的行业经验和资金后，调饮师可以选择自主创业，开设自己的茶饮店。由于对饮品制作、原材料采购、店铺运营等方面都有深入的了解，调饮师在创业过程中具有一定的优势，成功的概率也相对较高。

相关知识

一、调饮师国家职业标准（2023 年版）

调饮师作为一个新兴职业在未来有望成为热门职业之一。为规范从业者的从业行为，提升从业者职业能力，为行业发展提供人才保障，人社部联合中华全国供销合作总社依据《中华人民共和国劳动法》和《中华人民共和国职业教育法》，制定了《调饮师国家职业标准（2023 年版）》。该标准详细描述了调饮师的职业活动内容，并对各等级从业者的技能水平和理论知识水平进行了明确规定。调饮师职业分为五个等级：初级工、中级工、高级工、技师和高级技师，每个等级都有具体的职业概况、基本要求、工作要求和权重表。每一位有志于从事调饮行业并希望在行业中一展身手的从业者，有必要通过调饮师国家职业标准对调饮师职业有一个全面而系统的认识，并对以后的职业进阶之路有一个清晰的认知。

二、《现制茶饮料》系列标准

2024 年 3 月 1 日，由中国茶叶学会发布的现制茶饮料系列标准《现制茶饮料 术语 分类 基本要求》（T/CTSS 75—2023）、《现制茶饮料 茶叶原料》（T/CTSS 76—2023）、《现制茶饮料 制作规范》（T/CTSS 77—2023）正式实施。该系列标准规定了现制茶饮料的术语、分类、基本要求、鲜叶原料、制作规范等，适用于现制茶饮料的加工。

▶ 拓展阅读

《现制茶饮料 术语 分类 基本要求》（T/CTSS 75—2023）

三、新茶饮概念与分类

新茶饮也叫现制茶饮料，《现制茶饮料 术语 分类 基本要求》(T-CTSS 75-2023) 规定：现制茶饮料指以茶叶、超微茶粉（抹茶）、速溶茶粉、茶浓缩汁等原料，经现场水浸提、添加或溶解获得的茶汤，添加或不添加水果及其制品、蔬菜及其制品、乳及其制品或其他食品，经现场加工调制而成的即饮饮品。与传统茶饮相比，新茶饮的“新”体现在以新鲜水果、纯牛奶等材料为基础，进行多种材料的组合，融入更多现代元素，以更丰富的形态、更高的颜值、更多元的口味，呈现在消费者面前。与传统奶茶相比，新茶饮更加讲究天然和健康，给消费者带来更新颖的体验。

目前，行业上把现制茶饮料分为四类：现制奶茶饮料、现制果蔬茶饮料、现制原味茶饮料和其他现制茶饮料。其中，现制奶茶饮料包括奶味茶饮料和鲜乳茶饮料，现制果蔬茶饮料包括新鲜果蔬茶饮料和调味果蔬茶饮料。

训练与拓展

1. 知识巩固

• 选择题

（1）以下符合调饮行业发展趋势的是（　　）（多选）。

A. 健康化　B. 智能化　C. 个性化　D. 品牌化与连锁化　E. 文化融合

（2）调饮师未来职业发展空间大，表现在以下（　　）方面（多选）。

A. 电商主播　B. 门店内部晋升　C. 技术研发　D. 自主创业

（3）以下哪一项最准确地描述了“现制茶饮料”的定义？（　　）

A. 预包装好的，含有茶叶提取物的瓶装饮料

B. 以茶叶及其相关产品为原料，经现场加工调制而成的即饮饮品，可能包含水果、蔬菜、乳制品等添加物

C. 仅由新鲜茶叶冲泡而成的无添加饮品

D. 使用茶粉和糖为主要原料，通过机器自动制作的快速饮品

• 判断题

（1）具有养生功效的茶调饮产品不应添加益生菌、膳食纤维等成分。（　　）

（2）调饮师被正式纳入国家职业分类大典，这意味着该职业得到了官方的认可和规范，同时也为调饮师的职业发展提供了更好的保障。（　　）

2. 技能精进

• 茶饮行业敏锐度及认知度

以小组为单位，请调查你们所钟意的一家茶饮品牌，分析其发展、茶饮品大类、特色并给出其未来发展的建议及意见，制作成课件，课堂展示互评。

______

______

3. 领域拓展

• 职业发展规划

作为一名调饮师，请分别就短期目标、中期目标、长期目标从个人学习培训、业务能力、职位晋升、综合职业素养等方面谈一谈你的个人职业发展规划。

______

______

学习评价

内容		评价								
评价项目	评价要素	自评			互评			教师评		
		优秀	较好	待改进	优秀	较好	待改进	优秀	较好	待改进
专业知识	调饮行业现状									
	调饮行业发展趋势									
	调饮师职业前景									

续表

内容		评价								
评价项目	评价要素	自评			互评			教师评		
		优秀	较好	待改进	优秀	较好	待改进	优秀	较好	待改进
专业能力	能紧跟茶饮市场发展变化									
	能敏锐发现新茶饮产品									
	能对照调饮师国家职业技能标准进行职业技能提升									
	能进行自我职业规划									
通用能力	协作能力									
	沟通能力									
	调查分析能力									
情感态度	文化自信									
	精益求精									
	求真务实									
	追求卓越									
备注	优秀（5分）；较好（3～4分）；待改进（0～2分）									

参考答案

项目二

调饮师
国家职业标准

思维导图

项目二 调饮师国家职业标准

- 任务一 调饮师职业道德的坚守和践行
- 任务二 调饮师饮品服务
- 任务三 环境卫生与设备维护

学习目标

- 了解调饮师国家职业标准相关规定。
- 掌握调饮师职业守则的内容。
- 掌握茶调饮服务的流程和要求。
- 掌握饮品店设备设施清洁和维护知识。
- 培养饮品店环境卫生管理能力。
- 具备良好的卫生意识和责任感。
- 培养细致入微的工作态度和精益求精的工匠精神。

调饮师国家职业标准是规范调饮师行业从业人员的行为，提升行业素质的重要依据。调饮师的职业道德水平直接关系到消费者的权益、行业的健康发展以及社会的和谐稳定。

任务一　调饮师职业道德的坚守和践行

调饮师职业道德是衡量调饮师专业素养的标尺，更是保障消费者权益、维护行业声誉的关键。强化调饮师的职业道德教育，提升其职业素养，对于提升整个行业的服务质量和水平具有重要意义。

任务描述

炎热的夏日午后，饮品店里人流如织，调饮师们在操作台前忙碌着。佳茗正值新员工培训期，经历着从理论到实践的转变。她全神贯注地观察着调饮师们的每一个动作：如此忙碌的高峰时段，调饮师们依然保持着着装整洁、礼仪得体、操作服务井然有序的状态，从茶叶萃取到饮品调味再到出品装饰，每一步都那么娴熟而专业。尤其是店长，忙碌中还不忘与顾客进行良好的沟通，耐心地听取顾客的需求与喜好，并根据顾客的口味特点，向他们推荐最适合的饮品。当顾客对某款饮品存在疑问时，店长也总能迅速而准确地解答，让顾客满意而归。佳茗心中涌起了一股信心和动力，她决定要更加努力地学习，争取早日成为一名像店长和其他同事们一样优秀的调饮师。

任务分析

调饮师在工作中着装整洁、礼仪得体，以扎实的专业技术确保每一杯饮品达到预期的口感和品质，注重服务的速度和效率以及顾客的满意度，这充分体现了他们的职业道德和专业素养。调饮师作为新兴职业，其职业道德不仅关乎个人职业发展，也直接影响到饮品行业的整体形象和消费者的健康与安全。调饮师职业道德是推动饮品行业物质文明建设的重要力量，它影响着企业的经济效益和形象。

任务实践

一、调饮师职业道德——职业守则

人社部公布的《调饮师国家职业标准(2023 年版)》对调饮师从业人员的职业守则有明确规定。

（一）忠于职守，爱岗敬业

调饮师应热爱本职工作，具备高度的责任心和敬业精神，尽职尽责地完成工作任务。

（二）科学规范，安全卫生

调饮师在调制饮品时要遵循科学的配方和操作流程，确保饮品的口感和品质符合标准；严格遵守食品安全和卫生规定，确保所使用的原料、器具和环境都符合卫生标准，以保障消费者的健康权益。

（三）团结协作，礼貌待客

调饮师在工作中与同事保持良好的合作关系，共同完成任务，提升工作效率；在与顾客交流时应保持礼貌和热情，尊重顾客的需求和意见，提供优质的服务体验。

调饮师调制饮品

（四）钻研业务，精益求精

调饮师要不断学习新的调制技术和知识，提升自己的专业技能水平；在饮品品质上不断追求卓越，通过不断的尝试和改进，提升饮品的口感和品质，满足消费者的多样化需求。

（五）遵纪守法，诚实守信

调饮师要遵守国家的法律法规和企业的规章制度，文明经营，不违法乱纪，维护饮品行业的良好形象；真诚对待顾客，公道经营，不欺诈、不误导消费者，以信誉赢得顾客的信任和支持。

二、调饮师职业道德的实践与提升

（一）培训与教育

调饮师应接受系统的职业道德培训课程，包括饮品制作规范、顾客服务技巧、问题解决方法等，提高职业道德水平。

（二）实践锻炼

调饮师应在实践中不断锻炼自己的技能和服务水平，积累丰富的经验，提升职业道德素养。

（三）自我反思

调饮师应定期对自己的工作进行反思和总结，找出不足之处并加以改进，不断提高自己的职业道德水平。

（四）社会监督

饮品行业应建立健全社会监督机制，鼓励消费者和公众对调饮师的职业道德行为进行监督和评价，促进调饮师职业道德不断提升。

调饮师职业道德是饮品行业健康发展的重要保障。调饮师应自觉遵守职业道德规范，不断提升自己的职业素养和服务水平，为饮品行业的繁荣和发展贡献自己的力量。

相关知识

一、相关法律法规

调饮师不仅需要掌握饮品制作技能，还需要具备相应的法律法规知识，以确保为消费者提供安全、卫生、优质的饮品服务。

《中华人民共和国食品安全法》：该法规定了食品生产经营者应当遵守的各项规定，包括食品原料采购、生产加工、贮存运输、销售等方面的要求。调饮师应确保所使用的原料符合食品安全标准，采购时选择有资质的供应商，饮品制作过程应符合卫生要求，使用清洁的设备和器具，避免交叉污染。原料和成品应妥善贮存，防止变质和污染。销售的饮品应符合食品安全标准，不得销售过期、变质或不符合要求的饮品。

《中华人民共和国消费者权益保护法》：该法旨在保护消费者的合法权益。调饮师在销售饮品时，应尊重消费者的知情权和选择权，不得欺诈、误导消费者。

其他相关法规，如《公共场所卫生管理条例》《中华人民共和国产品质量法》等，调饮师也应有所了解并遵守相关规定。

二、安全基础知识

（一）食品安全意识

调饮师应严格遵守《中华人民共和国食品安全法》等相关法律法规，确保饮品原料新鲜、无毒无害，饮品制作过程符合卫生标准，以保障消费者的饮食安全。

（二）设备安全操作

调饮师应熟悉并正确操作各种饮品制作设备，如搅拌机、榨汁机、封口机等，确保设备使用过程中的安全，避免因操作不当导致的事故发生。

（三）个人卫生与环境卫生

调饮师应保持良好的个人卫生习惯，如勤洗手、穿戴整洁的工作服帽等，同时保持工作环境的清洁卫生，定期进行清洁消毒，防止细菌滋生。

（四）应急处理能力

调饮师应具备一定的应急处理能力，如遇到饮品污染、设备故障等突发情况时，能够迅速采取措施，防止事态扩大，确保消费者的健康和饮品的质量。

（五）诚信经营

调饮师应坚持诚信经营原则，不制售假冒伪劣产品，不欺诈消费者，以诚信赢得顾客的信任和支持。

（六）持续学习与提升

调饮师应不断学习新的饮品制作技术、食品安全知识及法律法规，提升自己的专业素养和服务水平，为消费者提供更加安全、优质的饮品服务。

训练与拓展

1. 知识巩固

• 填空题

（1）调饮师职业守则为：忠于职守，________。科学规范，________。团结协作，________。钻研业务，________。遵纪守法，________。

（2）调饮师职业道德的实践与提升的方法有：________、实践锻炼、________、社会监督。

• **选择题**

（1）请从以下选项中选择符合调饮师职业道德的描述。（　　）

A. 忠于职守，但偶尔可以忽视工作细节

B. 只需按照传统方法制作饮品，无需创新

C. 在工作中，与同事保持竞争关系，不必团结协作

D. 钻研业务，不断提升自己的专业技能和服务水平

E. 为了提高销量，可以适当夸大饮品的口感和效果

（2）调饮师在职业道德的实践与提升过程中，以下哪一项是提升专业知识和道德意识最直接且系统的途径？（　　）

A. 培训与教育　　B. 自我反思　　C. 社会监督　　D. 实践锻炼

• **判断题**

（1）在工作中，为了完成业绩目标，可以采取任何手段，包括欺骗客户或同事。（　　）

（2）作为公司员工，即使发现同事在工作中犯了严重错误，为了维护团队和谐，也不应该向上级报告。（　　）

2. 技能精进

针对调饮师的职业特征，谈一谈你对调饮师行业的认识和感受。

3. 领域拓展

一位顾客在店内点了一杯特调饮品，但饮用后发现口感与预期不符，对调饮师表示不满并要求更换。此时，调饮师应该如何处理？

问题：调饮师应遵循哪些职业道德守则来处理这一情况？

请列出至少两种可能的解决方案，并分析每种方案的优缺点。

学习评价

内容		评价								
评价项目	评价要素	自评			互评			教师评		
		优秀	较好	待改进	优秀	较好	待改进	优秀	较好	待改进
专业知识	调饮师职业道德——职业守则内容									
	调饮师职业道德的实践与提升									
专业能力	正确认识职业价值									
	形成良好的职业道德行为和习惯									
	树立正确职业理想									
通用能力	协作能力									
	沟通能力									
	创新能力									
情感态度	职业认同感									
	职业归属感									
	工匠精神									
备注	优秀（5分）；较好（3～4分）；待改进（0～2分）									

参考答案

任务二 调饮师饮品服务

调饮师的饮品服务能力直接关系到顾客的满意度与忠诚度，是茶饮店能否在竞争激烈的市场中脱颖而出的重要因素。不断提升调饮师的饮品制作技能与服务水平，是茶饮店提升竞争力、实现长远发展的关键所在。

任务描述

度过了新员工培训期，佳茗的专业知识和技能快速提升，她终于迎来了可以独立对客服务的时刻。佳茗的动作流畅而优雅，每一步都透露出她对调饮艺术的热爱和专注。她一边操作，一边与顾客分享一些关于茶饮的小知识，以及自己作为调饮师的乐趣和挑战，气氛温暖而融洽。每一杯饮品既是味觉的享受，更是与顾客之间情感交流的桥梁。在每一次小小的服务过程，佳茗也总能用她的专业和热情，为每一位顾客带来独一无二的饮品体验，让顾客感受到了温暖和关怀，也让佳茗更加坚定了自己作为调饮师的职业自信和热情。

任务分析

调饮师饮品服务主要包括服务准备，顾客接待与收银服务，饮品制作，产品推介，处理顾客投诉，日常清洁等。

任务实践

调饮师的岗位职责是调饮师工作的核心内容和要求，是确保其工作质量和顾客满意度的基石。调饮师的岗位职责涵盖了从饮品制作到顾客服务的全过程，每一个细节都至关重要。

一、准备工作

饮品店营业前，调饮师需要进行一系列的准备工作，包括个人仪容仪表的整理、清洗和消毒工具、准备原材料（如茶叶、水果、奶制品等）、检查设备是否正常运行等。还需要熟悉每种饮品的配方和制作方法，确保在忙碌的时段能够迅速准确地完成饮品制作。

二、顾客接待与收银服务

调饮师要以热情、友好的态度迎接顾客，解答顾客关于饮品、优惠活动等的咨询；熟练操作收银系统，准确、高效地完成顾客的点单和结账流程；提供收银小票或电子凭证，准确接收并处理来自线上平台（如外卖平台、官方网站等）的订单。

三、产品推介

调饮师要主动向顾客介绍店内特色饮品和新品，提供个性化的饮品推荐；解答顾客关于饮品的疑问，提供专业的饮品知识和建议。产品推介可以提升顾客对店内饮品的认知和满意度。

四、饮品制作

根据顾客点单要求，调饮师要迅速、准确地制作各类饮品，包括咖啡、茶、果汁、奶昔等；遵循饮品制作的标准流程和配方，确保饮品口感和品质的稳定；对饮品进行精美呈现，提升顾客的饮用体验。

五、处理顾客投诉

调饮师要耐心倾听顾客的投诉和意见，保持冷静和礼貌；及时处理顾客的问题，提供合理的解决方案或补偿措施；将顾客投诉记录下来，并向上级汇报，以便持续改进服务质量和产品质量。

六、日常清洁与维护

调饮师要定期清理饮品制作区域、顾客休息区等公共区域，保持环境整洁、卫生；清洗和消毒饮品制作工具和设备；确保食品安全和卫生；维护店内设施的完好和整洁，提升顾客的消费体验。

调饮师工作中

相关知识

一、仪表仪容

仪表仪容涉及个人卫生、着装规范、仪态举止以及专业形象等多个方面。遵循这些基础知识有助于提升调饮师的整体形象和服务质量，为顾客提供更加舒适、专业的饮品服务体验。

（一）个人卫生

头发应梳理整齐，前发不遮眉，后发不过领，侧发不掩耳。对于男士不留长发和胡子；女士长发盘起，保持发型美观大方，不擦浓味发油。保持面部整洁，女士可以化淡妆，但不宜浓妆艳抹，以展现自然美。应经常修剪指甲，保持指甲干净，不涂指甲油。

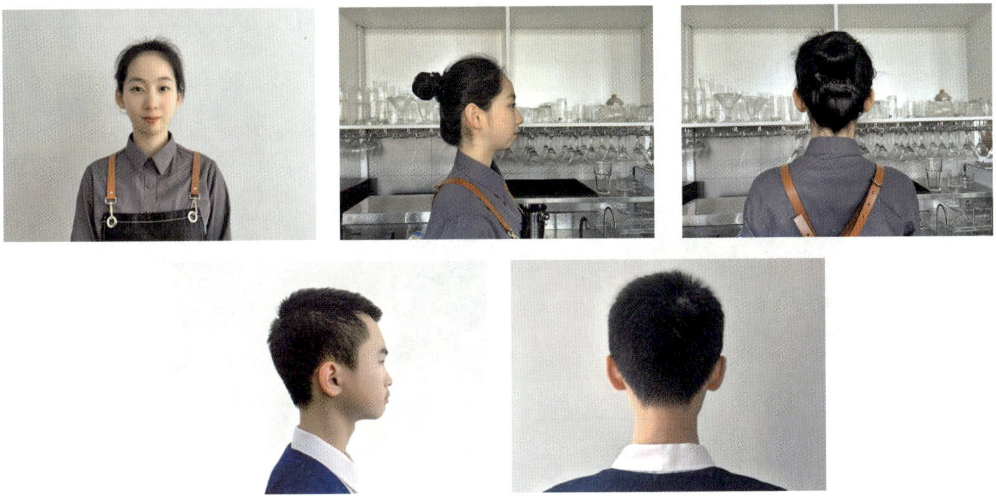

调饮师仪表仪容规范

▶ 拓展阅读

调饮师国家职业标准

（二）着装规范

穿着整洁、干净的工作服，体现茶饮店的经营特色和风格。佩戴工牌，工牌应清晰、端正地佩戴在指定位置。避免佩戴过多或夸张的饰品，以免影响工作安全或给顾客留下不良印象。

（三）仪态举止

站立时应自然大方，姿势端正。女士可采用小丁字步或V字步，挺胸、拔背、立腰、头正、双目平视，面带笑容。男士则双脚与肩同宽，左手握右手背在腰部以下。站立时不可双手叉在腰间、抱在胸前，也不得背靠、傍、倚或前扶他物。行走时，应轻而稳，步幅不能过大，保持潇洒自然、舒展大方的姿态。遇到宾客要点头致意，并使用“您早”“您好”等礼貌用语。

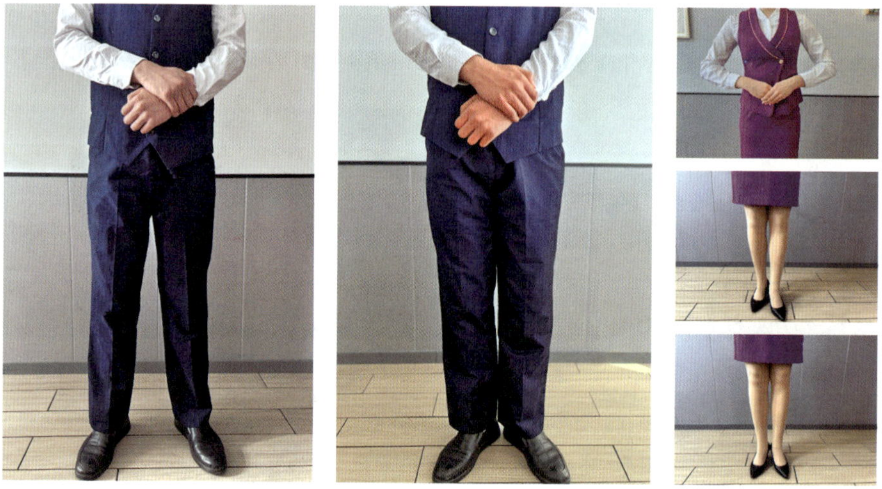

调饮师仪态举止规范

（四）表情管理

工作过程中，应保持面带微笑，和颜悦色。只有真诚的微笑才能打动人、感染人，使客人产生满意和愉快的感觉。同时，眼睛要正视宾客，坦诚、不卑不亢、沉着稳重，给人以镇定感和亲切感。

二、礼节礼貌

调饮师通过遵循礼节礼貌原则，可以提升服务质量，为顾客创造更加愉悦的消费体验。

（一）微笑服务

始终保持微笑，用热情的态度迎接每一位顾客，让顾客感受到友好和温暖。

（二）礼貌用语

使用礼貌、亲切的语言与顾客交流，如“您好，欢迎光临”“请稍等”“慢走”“感谢您的光临，祝您愉快”等，展现良好的职业素养。

（三）尊重顾客

耐心倾听顾客的需求和意见，尊重顾客的选择和决定，不强行推销或打扰顾客。对顾客的询问和要求耐心倾听，并给予及时回应，避免使用生硬、冷漠或不耐烦的言辞。

（四）介绍与推荐

根据顾客的需求和口味偏好，提供专业的饮品推荐和建议，帮助顾客做出满意的选择。

（五）感谢顾客

在顾客离开时，表达感谢并欢迎再次光临，增强顾客的归属感和满意度。

三、公共关系

调饮师在工作中需要注重品牌形象塑造、顾客关系维护、社区与媒体关系、危机公关处理以及合作伙伴关系等多个方面。有效的公共关系管理可以提升品牌在消费者心中的形象和知名度，增强顾客黏性，扩大品牌影响力，为品牌的长远发展奠定坚实的基础。

（一）品牌形象塑造

通过社交媒体、官方网站、线下活动等多种渠道，积极传递品牌理念和价值观，提升品牌在消费者心中的形象和知名度。

（二）顾客关系维护

注重与顾客的沟通和互动，及时响应顾客反馈，解决顾客问题，建立忠诚的客户群体；通过会员制度、优惠活动等方式，增强顾客黏性和复购率。

（三）社区与媒体关系

与当地社区和媒体建立良好的关系，积极参与公益活动，提升品牌在社区中的影响力；通过媒体报道、专访等形式，扩大品牌的曝光度和美誉度。

（四）危机公关处理

面对突发事件和负面新闻时，及时启动危机公关预案，积极与媒体和公众沟通，澄清事实，消除误解，维护品牌形象。

（五）合作伙伴关系

与供应商、分销商、加盟商等合作伙伴建立稳定的合作关系，共同推动品牌发展；通过合作活动、资源共享等方式，实现共赢。

四、社交艺术

调饮师的社交艺术主要体现在与顾客的互动、沟通以及通过社交渠道建立品牌关系上。

（一）个性化与定制化服务

通过面对面的交流或线上调查，了解顾客对饮品的口味偏好、特殊需求（如无糖、低脂等），提供个性化的推荐。根据顾客的具体要求，现场制作独一无二的饮品，增加顾客的参与感和满意度。

（二）互动与体验营造

设置有趣的互动环节，如 DIY 饮品台、拍照打卡区等，鼓励顾客在店内停留、参与并分享给朋友。利用社交媒体平台（如微博、抖音、小红书等）与顾客互动，发布新品预告、制作教程、顾客评价等内容，增强顾客黏性。定期举办主题派对、品鉴会等活动，邀请顾客参与，提升品牌影响力和顾客忠诚度。

（三）情感连接与品牌认同

通过店内装饰、宣传册、社交媒体等方式，讲述品牌背后的故事和文化，增强顾客的情感共鸣。通过社交媒体建立品牌社群，鼓励顾客分享自己的饮品体验、生活故事等，形成品牌认同感和归属感。在节日、顾客生日等特殊时刻，送上温馨祝福或特别优惠，加深与顾客的情感联系。

（四）高质量服务与持续创新

提供友好、专业的服务态度，确保饮品制作过程的卫生和高效，让顾客感受到被尊重和重视。定期更新饮品菜单、推出新品，满足顾客对新鲜事物的追求。同时，关注行业动态和顾客反馈，不断优化产品和服务。在社交媒体上发布精美的饮品图片和制作过程视频，吸引潜在顾客的注意。与网红、意见领袖或美食博主合作，邀请他们品尝并推荐饮品，提高品牌曝光度。举办线上活动如“转发抽奖”“集赞送饮品”等，鼓励顾客在社交媒体上分享和互动，扩大品牌影响力。

训练与拓展

1. 知识巩固

• 选择题

（1）以下哪项不属于调饮师的基本职责？（　　）

A. 制作各种调饮饮品　　B. 清洁和维护调饮器具

C. 设计店铺装修风格　　D. 管理库存和原材料

（2）以下不符合调饮师饮品服务要求的是。（　　）

A. 满足顾客任意要求　　B. 保持清洁卫生

C. 提高服务质量　　D. 关注顾客需求

（3）调饮师在工作时应保持哪种发型最为适宜？（　　）

A. 时尚前卫的染发和烫发

B. 整洁、自然的发型，无遮挡面部

C. 长发披肩，展现个人魅力

D. 随意扎起的马尾或凌乱的头发

（4）调饮师在工作中的着装要求是什么？（　　）

A. 穿着时尚潮流的便装

B. 可以穿着带有浓重个人风格的服装

C. 穿着干净、整洁的制服或工作服

D. 穿着随意，无特别要求

（5）调饮师在接待顾客时，以下哪种行为是不恰当的？（　　）

A. 主动与顾客打招呼，热情周到

B. 低头玩手机，对顾客视而不见

C. 耐心倾听顾客需求，提供个性化建议

D. 保持微笑，营造愉悦的消费氛围

• 判断题

（1）调饮师应密切关注顾客的需求和反馈，及时调整饮品配方和制作方法，以满足顾客的口味偏好。对于有特殊需求的顾客（如糖尿病患者、过敏体质者等），调饮师应特别留意并提供相应的饮品选择。（　　）

（2）调饮师的社交艺术主要体现在与顾客的互动、沟通以及通过社交渠道建立品牌关系上。（　　）

2. 技能精进

饮品店正处于营业高峰期，店内顾客络绎不绝，你作为店员，如何快速且准确地处理每一位顾客的点单？

3. 领域拓展

一位顾客对饮品店的饮品制作流程、食材来源或会员服务等方面提出疑问或建议。你如何对待顾客提出的疑问和建议？

学习评价

<table>
<tr><th colspan="2">内容</th><th colspan="9">评 价</th></tr>
<tr><td rowspan="2">评价项目</td><td rowspan="2">评价要素</td><td colspan="3">自 评</td><td colspan="3">互 评</td><td colspan="3">教师评</td></tr>
<tr><td>优秀</td><td>较好</td><td>待改进</td><td>优秀</td><td>较好</td><td>待改进</td><td>优秀</td><td>较好</td><td>待改进</td></tr>
<tr><td rowspan="3">专业知识</td><td>调饮师的岗位职责</td><td></td><td></td><td></td><td></td><td></td><td></td><td></td><td></td><td></td></tr>
<tr><td>调饮师仪容仪表要求</td><td></td><td></td><td></td><td></td><td></td><td></td><td></td><td></td><td></td></tr>
<tr><td>调饮师礼节礼貌要求</td><td></td><td></td><td></td><td></td><td></td><td></td><td></td><td></td><td></td></tr>
</table>

续表

内容		评价								
评价项目	评价要素	自评			互评			教师评		
		优秀	较好	待改进	优秀	较好	待改进	优秀	较好	待改进
专业能力	维护顾客关系能力									
	个性化服务能力									
通用能力	协作能力									
	沟通能力									
	创新能力									
情感态度	职业认同感									
	专业自信									
	匠心精神									
备注	优秀（5分）；较好（3～4分）；待改进（0～2分）									

参考答案

任务三　环境卫生与设备维护

饮品店环境卫生与设备维护对于确保饮品品质、提升顾客体验及保障食品安全至关重要，良好的设备状态能够确保饮品口感的一致性和稳定性。有效的环境卫生管理和设备维护还能预防细菌滋生，降低食品安全风险，为顾客提供安全健康的饮品选择。

任务描述

对于佳茗而言，调饮不仅仅是一份工作，更是一种生活态度，一种对美好事物的追求。每天清晨她都会提前到店，第一项任务就是清洁工作区域，确保卫生达标，然后对店内的调饮设备和器具进行检查，保证设备正常运行，操作工具齐全，各就其位。同时她还会检查调饮茶制作原料的日期及库存情况，以保证食材的新鲜，库存若有不足及时填补。佳茗在日常工作中对设备、器具清洁与操作一直秉持严谨的态度和专业素养。她深知，只有保持设备和器具的清洁与卫生，才能制作出高品质的饮品，赢得顾客的信任和喜爱。

任务分析

在调饮师的工作中，店内环境卫生的管理，设备、器具的清洁与操作是日常任务的重要组成部分，调饮师在饮品制作过程中，设备、器具的清洁与操作不仅关乎饮品的品质，还直接影响到顾客的健康和体验。

任务实践

一、饮品店环境与卫生要求

（一）整体环境

饮品店应保持整体环境的整洁与美观，无积灰、蛛网，无卫生死角，无杂物堆放。墙壁、天花板、地面、用具、操作台等应保持清洁，地面无积水。保持良好的通风状态，确保空气流通，防止异味积聚。照明应充足且柔和，避免刺眼，为消费者提供舒适的用餐环境。

（二）服务用品与工具卫生

饮品店应提供干净、整洁的餐具和饮品工具，如杯子、吸管、包装袋等。如果是一次性用品，应确保质量可靠，不可重复使用；如果是可重复使用的餐具和工具，应在使用后进行清洗和消毒。

整洁的饮品店

（三）垃圾分类

合理分类和处理垃圾也是店内环境卫生管理的重要一环。调饮师需要确保垃圾及时清理，并正确分类投放，以减少环境污染和细菌滋生。

二、设备设施清洁与维护

设备设施管理主要包括设备清洁、维护和更换。定期对店内设备进行清洁和消毒，特别是与食品接触的设备，如制冰机、果糖机、封口机等。对设备进行维护和检查，确保设备正常运转，避免因设备故障导致的卫生问题。对于老化和损坏的设备，应及时更换，并做好维修保养记录。

水吧台与操作台	使用湿抹布或柔软的清洁布擦拭水吧台和操作台表面，去除残留物和水渍。避免使用过于粗糙的清洁工具，以防划伤表面。对于顽固污渍，可使用低浓度的醋溶液或专用清洁剂进行清洁，然后用清水彻底冲洗干净。
果糖机	每次使用后，用湿抹布擦拭机身外部，保持干净。建议每周清洗果糖机内部，清除果糖残留物，防止细菌滋生。
封口机	使用封口机后，注意去除残留的糖渍和其他污渍，保持其外观整洁。定期清洗封口机的刀片并检查刀片磨损情况，必要时进行更换。
制冰机	定期对制冰机的水管、蓄水槽、储冰箱等设备进行清洗除垢，一般两三个月清洗一次。清洗过滤网，保持良好的制冰性能。检查储冰箱的盖板是否处于密封状态，防止冰块受到污染。

续表

沙冰机	沙冰机的刀头需定期清洁，避免残留食材导致堵塞和损坏。清洁时，可使用刷子或海绵轻轻刷洗刀头。避免长时间使用沙冰机，防止电机过热损坏。
净水器	净水器需定期更换滤芯，可每隔半年或一年更换一次。清洗净水器时，需先关闭电源和水源，使用清洗剂清洗净水器内部，然后用清水冲洗干净。
其他调饮器具（如萃茶壶、雪克壶、量杯、出品杯等）	使用其他调饮器具，如萃茶壶、雪克壶等后应立即用清水冲洗，避免污垢附着，对于顽固性污垢，可使用中性洗涤剂进行清洗。清洗时避免使用硬质刷子和强酸、强碱性清洁剂，以免刮伤或侵蚀表面。营业结束后要使用高温消毒柜或者紫外线消毒等方法对调饮器具进行消毒处理，确保卫生安全。清洁后，将调饮器具放置在干燥通风处，避免潮湿环境中细菌滋生。

相关知识

一、饮品店环境卫生管理

（一）卫生管理制度

饮品店应建立一套完善的卫生管理制度，明确卫生负责人、食品安全负责人、卫生保洁员等人员的职责，确保卫生管理工作的顺利开展。

（二）员工卫生培训

饮品店应对员工进行卫生健康知识和操作技能的培训，包括食品卫生与安全知识、环境卫生标准、设备的清洁与维护知识等。培训员工掌握正确的清洁消毒方法、消毒剂的使用和管理以及消毒频率等，确保设备和物品的卫生安全。

（三）卫生监督和检查

饮品店应定期对店内环境、设备和员工进行卫生监督和检查，确保卫生状况符合相关标准。对卫生检查内容和结果进行记录，建立台账，便于监督和管理。

二、清洁剂的选择与使用

（一）清洁剂类型与功能

1. 碱性清洁剂

碱性清洁剂能去除各种污渍和污垢，可用于餐具清洁、厨房设备清洁、地面与墙面清洁。碱性清洁剂能有效分解和去除设备上的油脂和油垢。使用时应避免与酸性清洁剂混合，以免产生化学反应和危险。对于一些敏感材质的设备或表面，如木质、铜质等，应谨慎使用碱性清洁剂，以免造成腐蚀或损坏。

2. 酸性清洁剂

酸性清洁剂能够深入污渍内部，清除茶垢和咖啡垢。酸性清洁剂具有粗化弱腐蚀作用，对金属表面的氧化物和锈迹也有很好的去除效果。可用于卫生间、金属设备、茶具、咖啡机等区域和设施的清洁。酸性清洁剂可能对某些金属表面造成腐蚀，因此在使用前应仔细阅读说明书并按照指导进行操作。

3. 中性清洁剂

如硅藻土清洗剂，是一种天然无害的清洁剂，主要成分是硅藻土和小分子物质，安全环保，不含任何化学成分和香精，对饮品味道无影响。

（二）清洁剂的使用

根据清洁剂的说明书，按照正确的比例将清洁剂与水混合。使用前要搅拌均匀，确保清洁剂能够充分发挥作用。将调配好的清洁剂倒入清洗器中，使用刷子或海绵等工具进行擦洗。对于难以清洁的部位，可以浸泡一段时间后再进行清洗。清洗过程中要注意避免清洁剂溅入眼睛或口中，同时要确保通风良好。

（三）安全注意事项

使用清洁剂时要戴上手套和口罩，避免直接接触皮肤和吸入清洁剂的气味。清洁剂应存放在儿童无法触及的地方，避免误食或误用。避免将清洁剂和食品混淆，以免造成食品污染。

训练与拓展

1. 知识巩固

• 选择题

（1）调饮师在每日工作开始前，对工作环境的首要任务是。（　　）

A. 调试设备，确保运行正常

B. 检查原料库存，及时补货

C. 清洁工作区域，确保卫生达标

D. 设定饮品菜单，准备促销活动

（2）调饮师在每天结束营业后，应该如何处理调饮器具？（　　）

A. 直接放入储物柜中

B. 彻底清洗、消毒并妥善存放

C. 随意堆放在厨房角落

D. 只清洗不消毒

（3）在进行调饮器具维护时，以下哪个步骤不是必需的？（　　）

A. 定期检查器具的磨损情况

B. 对器具进行润滑处理（如适用）

C. 清洗并消毒器具

D. 随意更换器具的部件

（4）以下哪个清洁剂不属于清洁调饮器具的常用清洁剂？（　　）

A. 中性洗涤剂

B. 酸性清洁剂

C. 碱性清洁剂

D. 食用油

（5）调饮师在清洁调饮器具时，应使用哪种类型的清洁剂？（　　）

A. 强酸性清洁剂

B. 强碱性清洁剂

C. 中性或弱碱性清洁剂

D. 任何类型的清洁剂都可以

• 判断题

（1）调饮师在饮品制作过程中，吧台的清洁对饮品的品质没有影响，也不会影响到顾客的健康和体验。（　　）

（2）搅拌棒、量杯、滤网等调饮器具在使用后不需要立即进行清洁。（　　）

2. 技能精进

• 饮品店日常清洁流程演练

任务要求：

请模拟饮品店日常营业结束后的清洁流程，包括但不限于清洗调饮器具、清理吧台、消毒工作台面和地面等。

演示过程中，需说明使用的清洁剂和工具以及清洁步骤和注意事项。

3. 领域拓展

• 饮品店环境卫生考察

任务要求：

以小组为单位，选择一家饮品店进行一次环境卫生考察，包括原料存放区、操作区、顾客等待区等。记录检查中发现的问题，提出具体的整改措施和实施计划。

学习评价

内容		评价								
评价项目	评价要素	自评			互评			教师评		
		优秀	较好	待改进	优秀	较好	待改进	优秀	较好	待改进
专业知识	饮品店环境卫生清洁要求									
	设施设备清洁与维护要求									
	清洁剂的类型和使用方法									
专业能力	饮品店环境卫生管理能力									
	设施设备清洁与维护能力									
通用能力	协作能力									
	语言表达能力									
	沟通能力									
情感态度	卫生与安全意识									
	责任意识									
	劳动精神									
	服务意识									
备注	优秀（5分）；较好（3～4分）；待改进（0～2分）									

参考答案

项目三

清香飘千古 嫩绿茶新焙
—— 绿茶调饮

思维导图

项目三 清香飘千古 嫩绿茶新焙——绿茶调饮

- 任务一 碧螺春轻乳茶
- 任务二 柚见龙井
- 任务三 安吉莫吉托

学习目标

- 学会以绿茶为基底茶的乳茶制作。
- 学会以绿茶为基底茶的果茶制作。
- 学会以绿茶为基底茶的气泡茶制作。
- 熟悉“绿茶 +”茶饮的风味搭配。
- 掌握绿茶相关文化知识。
- 培养工匠精神，养成严谨细致的好作风。
- 培养创新与审美意识，提高综合职业素养。

万物逢春，人间向暖，踏春饮茶正当时。佳茗作为一名富有创意与热情的调饮师，在春季这个万物复苏、生机盎然的季节里，通过精心研发绿茶调饮新品，不仅为顾客带来了味蕾上的享受，也传递了春天的气息与生活的美好。

任务一　碧螺春轻乳茶

“洞庭无处不飞翠，碧螺春香百里醉。”碧螺春，源自江南水乡的绿茶瑰宝，每一叶都蕴含着山川的灵秀与春雨的细腻。当这份古典韵味与现代风情相遇，碧螺春轻乳茶应运而生，它不仅承载着碧螺春独有的清新与雅致，更融入了现代人对生活品质的追求与热爱。

任务描述

在这个生机盎然的春季，碧螺春轻乳茶作为原叶悠享饮品店的明星产品，正以其独特的韵味，吸引着每一位爱茶之人。吧台旁的打印机“嘀嗒”一声，又一张外卖订单滑落下来，佳茗看了一眼订单，熟练地拿起杯子，开始制作。每一杯碧螺春轻乳茶，都是佳茗的用心之作。她精心调配的比例，既保留了碧螺春的清雅，又融入了牛乳的丝滑，两者相得益彰，令人回味无穷。

原叶悠享饮品店订单		外卖单号：W59
商品名称：碧螺春轻乳茶	数量：1 杯	单价：20 元
杯型：大杯 □　中杯 ☑		
温度：标准冰 ☑　少冰 □　去冰 □　温热 □　热 □		
甜度：标准甜 □　少糖 ☑　微甜 □　不另外加糖 □　小料 □		

任务分析

轻乳茶，是一种以茶为基础，结合了轻盈的乳制品而制成的饮品，更注重原汁原味，是凸显花香茶香的清爽鲜奶茶，整体口感平衡轻盈。轻乳茶是一种低脂、低热量的茶饮，适合喜欢清爽口感和需要控制热量摄入的人群饮用。在制作轻乳茶时需要控制含糖量，且多选用低脂乳制品进行制作。

由订单可知，客人需要一杯以碧螺春为基底茶，少糖、标准冰的轻乳茶。调饮师需要严格把握客人需求基本信息，熟悉轻乳茶的制作流程，包括准备基础茶底，添加奶制品，添加糖浆或其他食物小料等，轻乳茶的制作公式可以概括为：碧螺春轻乳茶 = 基底茶 + 牛奶 + 基底乳 + 糖浆 + 装饰。

一、碧螺春茶汤冲泡技术

选用优质的碧螺春茶叶，这是制作碧螺春轻乳茶的基础。把控碧螺春茶叶用量，过多，可能会导致饮品过于苦涩；过少，则可能无法充分体现出碧螺春茶的香气。控制水温是冲泡碧螺春的关键，碧螺春适宜用 80 ~ 85℃的热水冲泡。

二、牛奶与基底乳

对于追求低脂健康饮食的消费者来说，低脂牛奶是一个不错的选择。它减少了脂肪含量，但保留了牛奶的基本风味和营养价值，与碧螺春搭配也能呈现出良好的口感与风味。基底乳是指在制作奶茶时使用的乳制品或乳制品替代品，它们能够增加饮品的奶香和浓郁度。

三、混合调味与装饰

将牛奶、基底乳与茶汤混合，根据顾客需求加入糖浆调味。如果喜欢更加丰富的口感，可以在饮品中加入适量的珍珠、果冻、椰果等配料。也可以在饮品表面撒上一些碧螺春茶叶碎或奶盖等作为装饰，增加饮品的视觉效果和口感层次。

任务实践

一、原料、辅料（以 600mL 的出品杯为例）

材料名称	数 量	碧螺春轻乳茶
碧螺春	8g	
热水	200mL	
冷却冰块	120g	
低脂牛奶	80mL	
基底乳	20mL	
糖浆	30mL	
出品冰块	100g	

二、制作器具

萃茶壶、出品杯、量杯、搅拌棒、杯垫、电子秤等。

三、制作过程

碧螺春轻乳茶制作

碧螺春轻乳茶制作过程	
（1）将 8g 碧螺春茶放入萃茶壶，注入 200mL 的 85℃热水，浸泡 7 分钟，中途搅拌一次。过滤后用 120g 冰块冷却。	   

续表

碧螺春轻乳茶制作过程		
（2）将 30mL 糖浆、20mL 基底乳、80mL 低脂奶倒入茶汤中，并搅拌均匀。		
（3）往出品杯中放入 100g 冰块，将步骤（2）中调制好的汁液倒入出品杯中。		
（4）进行装饰（若是外卖则进行封口）。		
备注：调制过程符合《GB 12695—2016 食品安全国家标准 饮料生产卫生规范》		

四、试饮体会

试饮测试口感，细心品尝，认真观察，相互交流，填写评价表，总结归纳饮品的优缺点。

茶饮品评价表				
饮品名称：				
项　目	评　价			
	优秀	良好	一般	不足
颜色搭配合理				
装饰造型美观				
香气自然，令人愉悦				
口感丰富，有层次感				

续表

茶饮品评价表				
饮品名称：				
项　目	评　价			
	优秀	良好	一般	不足
顺滑不涩口				
甜度适口，不腻人				
风味平衡				
回味悠长				
优点：				
不足：				
对你的启发：				
配方改良建议：				

五、茶饮推介

（一）茶签制作

茶签是调饮茶的名片，通过茶签建立与顾客的深度互动，让顾客了解茶饮的特点与风味，获得独特的消费体验。茶签上清晰标注每款茶饮的独特称谓，便于顾客识别与记忆；列举茶饮中的主要成分，如精选茶叶种类、新鲜水果、优质乳品等，让顾客了解茶饮的纯正来源；描述茶饮的口感特征，如甘甜、醇厚、清新或带有特定果香、花香等，帮助顾客预期并享受其独特风味；根据茶饮的配料与制作工艺，评估其健康属性，如低糖、低脂、无添加等，满足现代人对健康饮食的追求。同时可以提供与茶饮相得益彰的茶点或小吃推荐，如搭配哪款糕点能更好地衬托茶饮的风味，或是哪款小吃能平衡茶饮的口感，提升整体用餐体验。碧螺春以银白隐翠的色泽著称，茶签的设计可融入绿色系元素，如浅绿，嫩绿或银灰色等，以体现茶叶的自然之美；轻乳部分则可以用米白色或淡黄色等柔和色调来表现，与碧螺春的绿色形成和谐搭配。

在图案的设计上可以将卷曲如螺的碧螺春茶叶的形态融入茶签设计中，也可以加入一些与乳制品相关的图案如牛奶、云朵、抽象的奶滴等，以体现轻乳的特点。

（二）推介词撰写

展示和推介特色饮品是调饮师的重要工作任务，具备调饮相关的专业知识和良好的沟通能力是调饮师的基本素养。一杯调饮茶的推介内容包括，基底茶的种类、名称和特点；能与之搭配的材料及搭配原理；口感及风味特点，调饮茶的健康属性等。

碧螺春轻乳茶推介词

精选上等碧螺春茶叶作为茶底，搭配新鲜优质的乳制品，确保每一口都能品尝到纯粹的自然风味。碧螺春轻乳茶采用低脂牛奶，低糖配方，让您在享受美味的同时保持健康。

相关知识

一、洞庭（山）碧螺春地理标志产品保护范围

《GB/T 18957—2008 地理标志产品 洞庭（山）碧螺春茶》指出，洞庭碧螺春地理标志产品保护范围为苏州市吴中区东山镇、金庭镇（西山镇）现辖行政区域，下辖25个行政村（社区）。地理坐标为北纬31°03′～31°12′，东经120°11′～120°26′。

二、洞庭（山）碧螺春的定义

在地理标志产品保护范围内，采自传统茶树品种或选用适宜的良种进行繁育、栽培的茶树的幼嫩芽叶，经过独特的工艺加工而成，具有“纤细多毫，卷曲呈螺，鲜嫩持久、滋味鲜醇，回味甘甜”为主要品质特征的绿茶。

三、洞庭（山）碧螺春茶的冲泡方法

（一）清饮法

碧螺春最显著的特点是嫩香清鲜，建议采用85℃左右的水冲泡。这一适宜的水温不仅能够有效激发茶叶的香气，还能在品尝时带来更佳的口感体验。单杯泡法的投茶量约为2g，分杯泡法则可以考虑适当增加投茶量至3～4g，并根据器皿的大小、喝茶人的喜好等因素进行调整。细嫩且茶毫丰富的碧螺春一般采用上投法（先注水

后投茶）进行冲泡。浸泡时间，单杯泡法一般浸泡 1 分钟左右即可品饮，分杯泡法每一泡尽量快进快出，以免影响茶汤的清鲜程度。

（二）调饮法

调饮茶需要增加碧螺春茶的浓度，以确保调饮茶中保持茶风味。水温 85℃左右热水开盖浸泡 7 分钟，按照茶、水、冰 1 ∶ 25 ∶ 15 的比例冲泡，即 8g 茶，加入 200mL 热水，浸泡时中途搅拌一次，过滤后加入 120g 冰迅速降温（也可根据顾客需要少放冰），即可得到想要的调饮基底茶。

四、“绿茶 +”风味搭配

绿茶鲜润爽口，香气清新，众多食材与绿茶搭配都很对味，都可以与绿茶的清香相互融合，带来独特的口感和享受。乳制品就是其中之一，牛奶、鲜奶油、冰激凌与绿茶搭配制作饮品，会让绿茶变得更加顺滑爽口。

五、调饮的基本技法——搅拌

搅拌法原是调制鸡尾酒最常用的一种方法，通常是将冰块倒入杯中，再加入其他调酒材料，用吧匙搅拌均匀，或是在调酒杯中加入适量冰块，使吧匙匙背靠杯边按顺时针方向快速旋转，调酒杯外有水气溢出时，搅拌即可停止。

茶调饮中的搅拌法源于鸡尾酒调制的方法，也是制作茶饮品的常用手法之一，它是用吧勺在饮品杯中搅动，以溶解或混合不同材料。具体操作方法：右手呈握“毛笔”姿势，左手可扶杯底，将吧匙的螺旋状部位夹在右手中指与无名指之间，大拇指与食指轻轻夹住吧匙的上方，以中指与无名指用力往右的方向（顺时针）搅动，不同材料混合均匀即可停止。

搅拌基本手法

训练与拓展

1. 知识巩固

• 填空题

（1）洞庭碧螺春地理标志产品保护范围为苏州市吴中区 ________ 镇、________ 镇现辖行政区域。

（2）制作碧螺春轻乳茶时，除了茶叶外，还需要添加 ________ 和 ________（填写两种主要配料）。

• **选择题**

（1）碧螺春轻乳茶中的碧螺春属于哪种茶类？（　　）

A. 红茶　　B. 绿茶　　C. 乌龙茶　　D. 白茶

（2）制作碧螺春轻乳茶时，以下哪种做法可能不是必要的？（　　）

A. 选用高质量的碧螺春茶叶

B. 加入适量的牛奶

C. 加入大量冰块以快速冷却

D. 根据口味调整糖量

（3）轻乳茶相较于传统奶茶，在哪个方面有所不同？（　　）

A. 使用的茶叶种类不同

B. 牛奶含量低，口感更清爽

C. 通常不包含珍珠等小料

D. 只使用冷水泡茶

（4）制作碧螺春轻乳茶时，为了保持碧螺春的清香，以下哪个做法是正确的？（　　）

A. 使用高温开水泡茶

B. 加入大量的糖浆以提味

C. 泡茶时间越长越好

D. 使用适当水温进行泡茶

• **判断题**

（1）碧螺春奶茶是将碧螺春茶叶直接加入牛奶中煮沸而成的。（　　）

（2）碧螺春轻乳茶是一种健康的饮品，适合所有人群饮用。（　　）

2. 技能精进

• **调饮基本技法——搅拌**

将冰块放入雪克壶中，用吧匙进行搅拌手法的练习，分组练习，同学之间相互监督与指导，完成组内互评。

3. 领域拓展

饮品中加入小料可以丰富饮品的口感、层次感及咀嚼乐趣，从而使饮品更加美味和吸引人。请在本课制作的碧螺春轻乳茶基础之上，为其搭配一款小料。订单如下：

原叶悠享饮品店订单		台号：A17
商品名称：碧螺春轻乳茶	数量：1 杯	单价：22 元
杯型：大杯 □　中杯 ☑		
温度：标准冰 □　少冰 ☑　去冰 □　热 □		
甜度：标准糖 □　少糖 ☑　微糖 □　不另外加糖 □		
小料：珍珠 □　仙草 ☑　西米 □　芋圆 □		

拓展小知识：仙草制作

配料：仙草粉、白砂糖、饮用水。

操作流程：

（1）容器内加入仙草粉 100g 和饮用水 300mL 搅拌均匀。

（2）锅中加入 300mL 水煮沸，将调好的仙草液倒入锅中，小火搅拌 3 分钟。

（3）过滤至容器中冷却凝固。

（4）凝固后切块备用。

学习评价

内容		评价								
评价项目	评价要素	自评			互评			教师评		
		优秀	较好	待改进	优秀	较好	待改进	优秀	较好	待改进
专业知识	碧螺春地理产品标志范围									
	碧螺春茶的定义									
	“绿茶+”风味搭配									
	碧螺春轻乳茶调饮流程									
专业能力	碧螺春的冲泡									
	碧螺春轻乳茶的调制									
	调饮技法——搅拌法									

续表

内容		评价								
评价项目	评价要素	自评			互评			教师评		
		优秀	较好	待改进	优秀	较好	待改进	优秀	较好	待改进
通用能力	协作能力									
	创新能力									
	语言表达能力									
	审美能力									
情感态度	执着专注									
	精益求精									
	一丝不苟									
	追求卓越									
备注	优秀（5分）；较好（3～4分）；待改进（0～2分）									

参考答案

任务二　柚见龙井

龙井茶，中国绿茶的杰出代表，以其色泽翠绿、香气高雅、滋味甘醇、形态扁平挺直而著称。龙井茶的清雅茶香与西柚的清新果香交织在一起，既保留了龙井茶的甘醇与细腻，又融入了西柚的酸甜与活力，为传统龙井茶赋予了全新的生命力与时尚感。

任务描述

佳茗在店里迎来了她今日的第一位客人，得知客人对龙井茶调饮——柚见龙井这一春季最畅销的经典产品感兴趣时，她立刻以专业的态度和热情的服务引导客人完成扫码下单。佳茗在确认订单无误后，迅速而熟练地开始制作。

原叶悠享饮品店订单		台号：A16
商品名称：柚见龙井茶	数量：1 杯	单价：18 元
杯型：大杯 ☐　中杯 ☑		
温度：标准冰 ☑　少冰 ☐　去冰 ☐　热 ☐		
甜度：标准甜 ☑　少糖 ☐　微甜 ☐　不另外加糖 ☐		

任务分析

从订单中能够获取顾客所需饮品的基本信息，如名称、数量、单价以及个人偏好等，这些信息既是出品的具体要求，也是满足顾客需求的起点。一杯优质的茶饮不仅依赖于订单上的基本信息，更在于其风味、颜值以及调饮师在制作过程中的精心调配。将柚见龙井茶饮的构成总结为公式，可以更加清晰地展现其关键要素和制作过程。

茶饮构成公式：

柚见龙井 = 龙井茶 + 西柚果汁 + 西柚果肉 + 糖浆 + 装饰

一、龙井茶茶汤的冲泡技术

选择优质龙井茶茶叶，确保茶叶新鲜、无杂质。掌握适宜的冲泡温度，一般龙井茶适宜用 80 ~ 85℃的水温进行冲泡，以充分释放茶香，避免苦涩。控制冲泡时间，根据茶叶种类和个人口味偏好，调整浸泡时间，以达到最佳口感。茶叶用量需适中，不宜过多或过少，以保证茶汤浓淡适宜。

二、西柚果汁与果肉的用量及搭配

选择新鲜、多汁的西柚，确保果汁的纯正与果肉的口感。根据饮品风格和顾客口味，合理搭配西柚果汁与果肉的用量。果汁可以增加饮品的酸甜度，果肉则能增添口感层次。注意果汁与茶汤的融合度，避免果汁过多导致茶汤味道被掩盖。

三、糖浆的用量

根据顾客对甜度的偏好，适量添加糖浆。需精确控制糖浆的用量，过多，会使饮品过于甜腻；过少，则可能无法突出茶汤的香醇。

四、饮品的装饰

饮品装饰不仅能提升颜值，还能增强顾客的饮用体验。可以选择薄荷叶、西柚片、柠檬片等作为装饰物，既美观又符合饮品风格。

在制作过程中，调饮师需要不断尝试和调整，以找到最适合顾客口味的饮品配方。同时，还需注重细节和卫生，确保每一杯饮品都能达到甚至超出顾客的期望值。通过精准控制每个环节，调饮师可以制作出风味独特、颜值出众的龙井茶调饮，为顾客带来愉悦的饮用体验。

任务实践

一、原料、辅料（以 350mL 的出品杯为例）

材料名称	数 量	柚见龙井
龙井茶	6g	
热水（85℃）	150mL	
冷却用冰块	90g	
西柚汁	15mL	
西柚果粒	30g	
糖浆	20mL	
出品冰块	50g	

二、制作器具

萃茶壶、出品杯、公道杯、茶荷、量杯、滤网、吧匙、电子秤等。

三、制作过程

柚见龙井制作

柚见龙井制作过程	
（1）将 6g 龙井茶放入萃茶壶中，注入 150mL 热水（85℃左右），浸泡 7 分钟，中途搅拌一次，过滤，同时加入 90g 冰进行冷却。	
（2）在茶汤中分别注入糖浆和西柚汁，进行搅拌。	
（3）出品杯内贴着杯壁加入西柚片，再加入适量冰块。	

续表

柚见龙井制作过程	
（4）将龙井茶汤倒入出品杯，铺上一层西柚果肉，并以薄荷做装饰。	 
备注：调制过程符合《GB 12695—2016 食品安全国家标准 饮料生产卫生规范》	

四、试饮体会

试饮测试口感，细心品尝，认真观察，相互交流，填写评价表，总结归纳饮品的优缺点。

茶饮品评价表				
饮品名称：				
项　目	评　价			
	优秀	良好	一般	不足
颜色搭配合理				
装饰造型美观				
香气自然，令人愉悦				
口感丰富，有层次感				
顺滑不涩口				
甜度适口，不腻人				
风味平衡				
回味悠长				
优点：				
不足：				
对你的启发：				
配方改良建议：				

五、饮品推介

（一）茶签制作

柚见龙井茶签可以融入龙井茶叶的轮廓或茶叶在水中舒展的形态，体现龙井茶的清雅与韵味。采用西柚的切片图案，以明亮的粉红色和橙黄色为主色调，展现西柚的清新与活力。将西柚与龙井茶元素巧妙结合，如设计成西柚切片与茶叶交织的图案，寓意两者完美融合。

清晰标注“柚见龙井”，字体可以选择具有中国特色的书法体或现代简约风格，以吸引消费者的注意。口感描述方面可简短描述其口感特点，如“清新爽口，茶香果韵”“一口清新，满心欢喜”。茶签中还可以提示消费者，喝此款饮品可以选择清新香甜口味的点心搭配，如各式甜糕、凤梨酥等。

（二）推介词撰写

柚见龙井推介词

春暖花开，新茶上市之际，特色茶饮柚见龙井以明前龙井茶为基底，搭配西柚果汁与果粒，清新爽口，满满的茶韵果香。喝柚见龙井，清爽一季，新龙井茶饮，邀您共赴好春光。

相关知识

一、龙井茶地理标志产品保护范围

《GB/T 18650—2008 地理标志产品 龙井茶》指出，龙井茶地理标志产品保护范围划分为三个产区，即西湖产区［杭州市西湖区（西湖风景名胜区）现辖行政区域］，钱塘产区［杭州的萧山、滨江、余杭、富阳、临安、桐庐、建德、淳安等县（市、区）现辖行政区域］，越州产区［浙江的绍兴、越城、新昌、嵊州、诸暨等县（市、区）现辖行政区域以及上虞、磐安、东阳、天台等县（市）现辖部分乡镇区域］。西湖产区的龙井茶称为西湖龙井，钱塘产区和越州产区的龙井茶统称为浙江龙井。

二、龙井茶茶树品种

《GB/T 18650—2008 地理标志产品 龙井茶》中规定：龙井茶茶树品种应选用龙井群体、龙井 43、龙井长叶、迎霜、鸠坑种等经（审）认定的适宜加工龙井茶的茶树良种。

三、龙井茶的定义

在地理标志产品保护范围内，符合上述品种要求的茶树鲜叶，按照传统工艺在地理保护范围内加工而成，具有“色绿、香郁、味醇、形美”的扁形绿茶。

四、龙井茶的冲泡方法

（一）清饮法

人们喝绿茶常常喜欢追求清鲜的口感，普通龙井茶的泡茶水温在 80 ~ 90℃会有良好的风味体验；投茶量方面，使用盖碗和瓷壶等主泡器泡茶，茶水比一般为 1 ∶ 50。单杯冲泡投茶量不宜过多，以防苦涩味加重。投茶量需灵活控制，根据器皿的大小、喝茶人的喜好等因素进行调整。浸泡时间方面，单杯泡法浸泡 1 分钟左右即可品饮，分杯泡法每一泡不建议焖泡太久，以免影响茶汤的清鲜程度。

（二）调饮法

调饮茶需要增加龙井茶的浓度，以保持调饮茶中的茶风味。可以参照茶水比 1 ∶ 40 的比例，85℃左右热水开盖浸泡 7 分钟。如果需要将泡好的茶汤及时冷却，则可按照茶、水、冰 1 ∶ 30 ∶ 10 的比例冲泡，即 5g 茶，加入 150mL 热水，浸泡时中途搅拌一次，过滤后加入 50g 冰，即可得到想要的调饮基底茶。

五、“绿茶 +”风味搭配

绿茶鲜润爽口，香气清新宜人，特别适合做调味饮品，与不同的食材搭配既不失茶韵，也不易掩盖水果的风味和香气；绿茶适合搭配清爽型的水果，如柑橘类的柚子、橙子、柠檬等，此类水果中的酸可以中和绿茶因长时间萃取产生的苦与涩，增加风味层次感，也令口感更加柔和均衡。还可以搭配苹果、杧果、百香果等，在搭配清香型水果时，入口有茶香，中段是水果与茶味的结合，尾韵有茶香余味的水果茶风味特性。绿茶除了可以搭配水果，还可以搭配花卉如桂花，玫瑰花等，以花入茶，花益茶香，有助于舒缓情绪，减轻压力。

抹茶是绿茶的一种特殊形式，抹茶的制作过程与绿茶相似，抹茶在制作过程中被磨成粉末状，是它与其他绿茶的主要区别。牛奶、乳酪、奶油、冰激凌跟抹茶很搭，让绿茶变得更加芳香、醇厚。

六、装饰的运用

装饰在一杯饮品中起到提升风味、愉悦精神的作用。制作装饰物的原则以美观雅致、精简舒适为宜，不画蛇添足，不喧宾夺主。装饰物一般选择饮品中有的东西，如在柚见龙井茶中，将冲泡过的龙井茶叶底加以利用。以龙井茶叶底作为装饰，是因为新春龙井茶鲜嫩，冲泡后绿润鲜亮、芽叶成朵，置于杯中令整杯饮品更加散发出青翠怡人的春日气息。也可以用不同形式的柚皮或柚片装饰。装饰物可以视为食材的延伸，不能仅局限为装饰品，例如在一杯奶油抹茶上方加入棉花糖、坚果类或者香草植物等，都能为口感和风味加分。

训练与拓展

1. 知识巩固

• 填空题

（1）龙井茶被划分为三个产区，分别为 ________、________、________。

（2）龙井茶是具有 ________、________、________、________ 的扁形绿茶。

• 选择题

（1）普通绿茶泡茶水温一般为（　　）。

A. 60 ~ 80℃　　B. 80 ~ 90℃　　C. 95℃　　D. 100℃

（2）清饮绿茶，茶水比例一般为（　　）。

A. 1 ∶ 20　　B. 1 ∶ 40　　C. 1 ∶ 50　　D. 1 ∶ 30

• 判断题

（1）茶调饮中的搅拌法源于鸡尾酒的调制方法，也是制作茶饮品的常用手法之一，它是用吧匙在饮用杯中搅动，以溶解或混合不同材料。（　　）

（2）绿茶适合搭配清爽型的水果，如柑橘类的柚子、橙子、柠檬等，此类水果中的酸可以中和绿茶因长时间萃取产生的苦与涩。（　　）

2. 技能精进

• 调饮基本技法——搅拌

将冰块放入雪克壶中，用吧匙进行搅拌手法的练习。分组练习，同学之间相互监督与指导，完成组内互评。

3. 领域拓展

• 香橙龙井茶制作

以柚见龙井茶的配方为参考，以龙井茶为基底茶，橙子为搭配鲜果，自拟配方，创作一款香橙龙井茶，并为饮品命名，设计饮品推介词。订单要求如下：

原叶悠享饮品店订单		台号：A17
商品名称：香橙龙井茶	数量：1 杯	单价：18 元
杯型：大杯 □　中杯 ☑		
温度：标准冰 □　少冰 ☑　去冰 □　热 □		
甜度：标准糖 □　少糖 ☑　微糖 □　不另外加糖 □		

学习评价

内容		评价								
评价项目	评价要素	自评			互评			教师评		
		优秀	较好	待改进	优秀	较好	待改进	优秀	较好	待改进
专业知识	龙井茶地理标志产品保护范围									
	龙井茶的定义									
	“绿茶 +”风味搭配									
	柚见龙井调饮流程									
专业能力	龙井茶的冲泡									
	柚见龙井的制作									
	调饮技法——搅拌									

续表

内容		评价								
评价项目	评价要素	自评			互评			教师评		
		优秀	较好	待改进	优秀	较好	待改进	优秀	较好	待改进
通用能力	协作能力									
	创新能力									
	语言表达能力									
	审美能力									
情感态度	执着专注									
	精益求精									
	一丝不苟									
	追求卓越									
备注	优秀（5分）；较好（3～4分）；待改进（0～2分）									

参考答案

任务三　安吉莫吉托

安吉白茶，源自那片翠竹轻摇、青山绿水交相辉映的竹林之乡，其茶芽宛若兰蕙初绽，色泽翠绿中蕴含一抹嫩白。安吉白茶的清新雅致与莫吉托的活力清爽巧妙融合，是一场味蕾的盛宴，更是一次心灵与自然的美妙邂逅。

任务描述

AE 公司周末欲开展“逐趣一夏”团建活动，向原叶悠享饮品店定制 20 杯莫吉托。佳茗承担设计策划和完成饮品制作的任务，该公司订单需求如下：

商品	数量（杯）	团建地点	团建时间	出品时间	活动主题	备注
定制莫吉托	20	黄金海岸	10:00 ~ 16:00	9:30	逐趣一夏	无酒精冰镇饮料

任务分析

根据任务描述，AE 公司需要的饮品是莫吉托，要求为无酒精且冰镇，共计 20 杯。为此，可以设计一款以安吉白茶为基底的无酒精特饮，命名为“安吉莫吉托”。这款特饮将融合清新的薄荷、酸甜的柠檬，并加入朗姆酒风味糖浆，以营造出传统莫吉托的外观与风味，专为炎炎夏日打造。

任务实践

一、原料、辅料（以 450mL 的出品杯为例）

材料名称	数 量	成 品
安吉白茶	5g	
水	125mL	
冷却冰块	75g	
青柠角	4 个	
柠檬汁	10mL	
薄荷叶	8 片	
出品冰块	100g	
朗姆酒风味糖浆	10mL	
糖浆	20mL	
气泡水	100 mL	

二、制作器具

萃茶壶、雪克壶、出品杯、盎司杯、托盘、捣棒、量杯等。

三、制作过程

安吉莫吉托制作

安吉莫吉托制作过程		
（1）将5g安吉白茶放入萃茶壶，注入125mL的85℃热水，浸泡7分钟，中途搅拌一次。过滤后用75g冰冷却备用。		
（2）往雪克壶中加入柠檬角、薄荷叶，进行捣碾。		
（3）往雪克壶中加入朗姆酒糖浆、柠檬汁、茶汤并搅拌。		
（4）往出品杯中放入100g冰块，贴杯壁放入两块柠檬角。		

续表

安吉莫吉托	
（5）往出品杯中注入提前制好的茶汤。	
（6）往出品杯中注入气泡水至杯口。	
（7）制作杯饰。	
备注：调制过程符合《GB 12695—2016 食品安全国家标准 饮料生产卫生规范》	

四、试饮体会

试饮测试口感，细心品尝，认真观察，相互交流，填写评价表，总结归纳饮品的优缺点。

茶饮品评价表				
饮品名称：				
项　目	评　价			
	优秀	良好	一般	不足
颜色搭配合理				
装饰造型美观				
香气自然，令人愉悦				
口感丰富，有层次感				
顺滑不涩口				
甜度适口，不腻人				
风味平衡				
回味悠长				
优点：				
不足：				
对你的启发：				
配方改良建议：				

五、饮品推介

（一）茶签制作

安吉白茶形如兰蕙，色泽翠绿，以滋味鲜爽著称；莫吉托通常给人一种外观清新、滋味清爽的印象，因此茶签的整体色调宜清新淡雅。在茶签上绘制安吉白茶的茶叶形态，展现其优雅身姿。融入莫吉托的元素，如青柠切片、薄荷叶等。色彩上以安吉白茶的绿色为主色调，象征自然与清新；辅以莫吉托中的青柠黄、薄荷绿等色彩，增添活力与明亮感。

（二）推介词撰写

安吉莫吉托推介词

安吉莫吉托不仅保留了安吉白茶的清新与雅致，更融入了莫吉托的活力与激情。每一口都能让我们感受到茶香与酒香的完美交融，仿佛置身于一个充满青柠和薄荷清新气息的梦幻世界。

相关知识

一、安吉白茶地理标志产品保护范围

《GB/T20354—2006 地理标志产品 安吉白茶》指出，安吉白茶地理标志产品保护范围为北纬 30°23′ ~ 30°52′、东经 119°14′ ~ 119°53′，即浙江省安吉县现辖行政区域。

安吉白茶地理标志产品生产区域地处浙江省西北部天目山北麓，三面环山，地形呈“畚箕形”的辐射状盆地，土层深厚，有机质含量高。安吉县被誉为“中国竹乡”，以竹木为主的植被覆盖率达 73%，有着丰富的自然资源和优美的生态环境，为安吉白茶的生长提供了得天独厚的条件。

二、安吉白茶的定义

安吉白茶指在地理标志产品保护范围内，采自“白叶一号”茶树鲜叶，经过摊青、杀青、理条、干燥等工艺加工而成的绿茶。分为龙形安吉白茶和凤形安吉白茶两类。

三、安吉白茶的冲泡方法

为突出安吉白茶“形似凤羽、色如玉霜、叶白筋翠、香如蕙兰、甘爽鲜灵”的特点，建议选择无色透明玻璃杯进行冲泡，水温以 85 ~ 90℃为佳，茶水比为 1 ∶ 50，每道浸泡时间控制在 1 ~ 2 分钟。最好采用浸润泡法：先用少量水润茶、摇香、闻香，再注水冲泡。品饮安吉白茶以三道为佳，每次加水，杯中应预留 1/3 的茶汤，确保每道茶浓淡均匀适口。

四、莫吉托简介

莫吉托（Mojito）是一款源于古巴的传统鸡尾酒，以其独特的口感和清新的风味而广受欢迎。莫吉托的主要成分包括朗姆酒、柠檬汁、甘蔗汁、苏打水和薄荷叶。关于莫吉托的诞生，有多个传说版本，其中一个较为流行的说法是，在 16 世纪时，英国探险者弗朗西斯 · 德雷克为了治疗船员的坏血病和痢疾，将当地未蒸馏的甘蔗酒（朗姆酒前身）与柠檬、薄荷混合制成了一种饮品，这种饮品后来便被称为 Mojito 或 The Drake。随着时间的推移，这款饮料经过多次改良，最终在 19 世纪中叶由百加得公司将其配方固定下来并命名为现今的莫吉托。

五、气泡水简介

气泡水，又称碳酸水，是二氧化碳溶解于水的饮品。从工艺角度看，气泡水可分为天然气泡水和人工气泡水。近年来，主打“无糖”和“健康”理念的气泡水在市场上备受瞩目，它以清新的口感和细腻的气泡受到消费者喜爱。同时还可以搭配各种新鲜果蔬，制作出风味独特的气泡水饮品。

训练与拓展

1. 知识巩固

• 填空题

（1）安吉白茶的产地位于中国的 ________ 省，其中 ________ 县是其核心产区。

（2）在调制安吉白茶莫吉托时，通常会使用 ________ 来增添清凉感。

• 选择题

（1）下列哪项不是制作安吉白茶莫吉托的必备原料？（　　）

A. 冰块　　B. 牛奶　　C. 糖　　D. 薄荷叶

（2）制作安吉莫吉托时，加入青柠的主要目的是（　　）。

A. 增加甜味　　B. 提供酒精　　C. 增添酸味　　D. 使饮品呈现绿色

（3）下列哪个描述最符合安吉白茶莫吉托的特点？（　　）

A. 口感浓郁，带有强烈的苦涩味

B. 清爽提神，带有茶香和薄荷的清凉感

C. 味道复杂，难以描述

D. 甜味十足，适合儿童饮用

• 判断题

（1）薄荷叶在安吉莫吉托中只起到装饰作用。（　　）

（2）莫吉托的主要成分包括朗姆酒、薄荷、青柠和糖。（　　）

2. 技能精进

请在杧果、青提、西瓜、凤梨中任选一种水果，以安吉白茶为基底，制作一款鲜果莫吉托。

3. 领域拓展

• 安吉双韵 · 白茶雅集

设计一款安吉白茶套餐，重点体现安吉白茶的不同品饮方式，通过传统泡饮与创意茶调饮两种方式，全方位展现安吉白茶的独特风味与文化魅力。请注意从产品主题的设定、器具的选择、制作的方式、呈现形式等方面进行考虑。为该产品命名，并为其设计推荐词。

学习评价

内容		评价								
评价项目	评价要素	自评			互评			教师评		
		优秀	较好	待改进	优秀	较好	待改进	优秀	较好	待改进
专业知识	安吉白茶地理标志产品保护范围									
	安吉白茶的定义									
	莫吉托简介知识									
	安吉莫吉托制作流程									
专业能力	安吉白茶的冲泡									
	安吉莫吉托的调制									
通用能力	协作能力									
	创新能力									
	语言表达能力									
	审美能力									
情感态度	执着专注									
	精益求精									
	一丝不苟									
	追求卓越									
备注	优秀（5分）；较好（3～4分）；待改进（0～2分）									

参考答案

项目四

窨得茉莉无上味 列作人间第一香

——花茶调饮

思维导图

项目四　窨得茉莉无上味　列作人间第一香
——花茶调饮

- 任务一　浮云茉莉
- 任务二　青提茉莉
- 任务三　蜜桃茉莉冷萃

学习目标

- 学会以茉莉花茶为基底茶的乳茶制作。
- 学会以茉莉花茶为基底茶的果茶制作。
- 学会以茉莉花茶为基底茶的冷萃茶制作。
- 熟悉“茉莉花茶 +”茶饮的风味搭配。
- 掌握茉莉花茶相关文化知识。
- 培养卓越的工匠精神，养成严谨细致、精益求精的品质。
- 培养创新思维与审美素养，提升综合职业能力，以适应行业发展的多元化需求。

夏日炎炎，阳光如金色的绸缎般铺满了城市的每一个角落，给大地带来了无尽的热情与活力。在这样一个季节里，原叶悠享饮品店成了许多人避暑小憩的优选之地。每年夏季，佳茗都会潜心研发茉莉花茶调饮新品，试图在传统与创新之间找到完美的平衡点，以满足新老客户对于清新与美味的双重追求。

任务一　浮云茉莉

茉莉花，以其洁白无瑕的花瓣和馥郁芬芳的香气而闻名，被誉为“人间第一香”。它象征着纯洁、高雅与清新，常在夏日绽放，为炎炎夏日带来一抹清凉与宁静。茉莉花不仅美丽动人，还富含多种对人体有益的成分，被广泛用于制作茶饮，深受人们喜爱。

任务描述

原叶悠享饮品店内，装饰风格简约而富有格调，每一处细节都透露着店主的匠心独运。墙上，一幅幅精美的茶饮介绍与细腻的制作流程图交相辉映，它们不仅是店铺的装饰，更是吸引顾客驻足的亮点。一位身着休闲装的客人推门而入，他的目光被一款名为浮云茉莉的特色奶茶所吸引，他决定点上一杯，细细品味。佳茗细心地记录下客人的口感要求，随即转身走向操作台，开始精心调制这杯浮云茉莉。

任务分析

一、原料与口感

浮云茉莉饮品精选高品质茉莉花茶作为基底，巧妙融合新鲜纯牛奶精心调配而成，确保每一口都能细品到茉莉花的清雅芬芳，感受鲜奶的细腻顺滑与茶香的醇厚回甘给客人带来无与伦比的味觉享受。

二、奶盖装饰

茉莉花茶奶茶以其独特的茉莉花香和奶香融合而受到许多人的喜爱，加入奶盖后更是增添了一份口感层次和视觉享受。

三、健康属性

茉莉花茶具有安神解郁、健脾理气、抗衰防辐射、提高机体免疫的功效，符合现代人对健康饮食的追求。

四、饮品制作

泡茶：取适量的茉莉花茶，用 80℃左右的热水冲泡。然后滤茶留汤。

制作奶茶：将牛奶、淡奶油、炼乳、糖浆、茶汤、冰块倒入杯内搅拌均匀备用。

制作奶盖：将淡奶油、奶酪、牛奶、炼乳等食材混合在一起，用电动打蛋器打发至半凝固状。打发过程中需要注意控制速度和力度，以免奶盖过稀或过稠。

组合饮品：在杯子中加入适量的冰块，倒入泡制好的茉莉花茶奶茶。在茶水上缓缓倒入制作好的奶盖，形成漂亮的分层效果。最后可以在奶盖上撒上一些可可粉、抹茶粉或坚果碎等配料，增添口感和视觉效果。

任务实践

一、原料、辅料（以 300mL 的出品杯为例）

材料名称	数 量	浮云茉莉
茉莉花茶	5g	
热水	125mL	
冷却冰块	75 g	
牛奶	20mL	
淡奶油	15mL	
炼乳	15mL	
糖浆	10mL	
出品冰块	40g	
奶盖配料		
奶酪	5g	
牛奶	10mL	
炼乳	10mL	
淡奶油	20mL	

二、制作器具

萃茶壶（或茶壶、玻璃杯）、茶荷、茶匙、调制杯、打蛋器、出品杯、量杯、搅拌棒、杯垫、茶巾、电子秤等。

三、制作过程

浮云茉莉制作

浮云茉莉制作过程	
（1）将 5g 茉莉花茶放入茶壶，注入 125mL 热水（80℃左右），浸泡 8 分钟，中途搅拌一次，过滤后加入 75g 冰，使茶汤迅速降温。	 

续表

浮云茉莉制作过程		
（2）将牛奶、淡奶油、炼乳、糖浆、茶汤、冰块（亦可不加）倒入杯内搅拌均匀备用。		
（3）奶盖制作过程：将奶酪、炼乳、牛奶、淡奶油倒入容器内，用打蛋器打发至浓稠，提起有软尖，备用。		
（4）往出品杯内放入40g冰块，加入调制好的茉莉奶茶。		
（5）将调好的奶盖倒在奶茶上，放上装饰叶出品。		
备注：调制过程符合《GB 12695—2016 食品安全国家标准 饮料生产卫生规范》		

四、试饮体会

试饮测试口感，细心品尝，认真观察，相互交流，填写评价表，总结归纳饮品的优缺点。

茶饮品评价表				
饮品名称：				
项　目	评　价			
	优秀	良好	一般	不足
颜色搭配合理				
装饰造型美观				
香气自然，令人愉悦				
口感丰富，有层次感				
顺滑不涩口				
甜度适口，不腻人				
风味平衡				
回味悠长				
优点：				
不足：				
对你的启发：				
配方改良建议：				

五、茶饮推介

（一）茶签制作

为浮云茉莉设计茶签，主色调选清新淡雅的绿与白，绿代表茉莉的自然生机，白象征牛奶的纯净高雅。茶签上可绘制精致茉莉花图案，花朵略带透明感，展现其轻盈柔美。旁添细腻牛奶水珠，寓意茶与奶的完美融合。一端以简洁优美字体书写“浮云茉莉”，凸显奶茶特色。材质选用环保优质的木质或竹质，既符合现代人环保理念，又保证耐用舒适。

（二）推介词撰写

浮云茉莉推介词

浮云茉莉——云朵之上的轻盈享受

当醇厚的牛乳与清新的茉莉花茶相遇，那轻盈的泡沫，如同云端之上的洁白云朵轻轻覆盖在茶面之上，一杯独具匠心的“浮云茉莉”应运而生。这是一次对味蕾的极致呵护，也是对健康的深情关怀。

相关知识

一、茉莉花茶简介

（一）概念

茉莉花茶，又称茉莉香片、熏花茶，它是将茶叶和茉莉鲜花进行拼合、窨制，使茶叶吸收花香而成的；素有“窨得茉莉无上味，列作人间第一香”的美誉。

（二）历史发展

起源：熏花茶的历史可以追溯到宋朝时期。当时人们在上等绿茶中加入龙脑香等香料，这被认为是花茶窨制技艺的雏形。

发展：到了明朝时期，花茶制作工艺得到了进一步发展，人们开始利用茉莉等香花熏制茶叶。李时珍的《本草纲目》中也有“茉莉可熏茶”的记载，说明茉莉花茶在那个时候已经相当普及。

（三）福州茉莉花茶的兴盛

福州是茉莉花茶的发祥地，已有1000多年的悠久历史。据史料记载，清咸丰年间(1851—1861),福州已有大规模茶作坊进行商品茉莉花茶生产，并把它运送到北京、天津等地，深受当地居民的喜爱。在清朝时期，茉莉花茶更是被列为贡品长达150年，尤其是慈禧太后对其情有独钟，时常将其作为礼品赠送给外国使节，以此展示中国茶文化的博大精深。19世纪中叶，福州茉莉花茶开始大量出口到欧洲等地，成了中国茶叶出口的重要品种之一。

（四）茉莉花茶的营养成分与保健功效

茉莉花茶不仅富含儿茶素、维生素C、维生素A、咖啡碱、黄烷醇等营养成分，还因融入了茉莉花而增添了大量芳香油、香叶醇、橙花椒醇等超过20种的化合物，这些成分共同构成了茉莉花茶独特的风味与健康价值。常喝茉莉花茶有助于养肝明目、润肤养颜、延缓衰老、促进机体新陈代谢。需要注意的是，尽管茉莉花茶拥有诸多健康益处，但过量饮用可能会引发失眠、心悸等不良反应。因此，合理控制饮用量，享受茉莉花茶带来的健康与愉悦，才是正确的做法。

二、奶盖的制作

（一）选用食材

奶制品：选择新鲜的牛奶和优质的淡奶油是制作美味奶盖的基础。奶制品的新鲜程度和质量直接影响奶盖的口感和风味。

淡奶油：淡奶油是奶盖的主要成分之一，它赋予了奶盖丰富的口感和丝滑的质地。淡奶油的用量可以根据个人口味和制作需求进行调整。

糖：根据口味需要选择适量的糖，可以使用砂糖。浮云茉莉的制作使用炼乳以保证甜度。

盐：在奶盖的制作过程中，少量添加盐可以提升口感层次，但需谨慎控制，避免过量。浮云茉莉饮品中使用的奶酪本身就含有一定盐分。

其他食材：根据具体口味和配方，还可以添加奶酪、椰浆等食材，以增加奶盖的口感和风味。

（二）打发技巧

温度控制：打发前将淡奶油和容器事先冷藏，确保奶油打发时温度适中。过高的温度会导致奶油融化，过低的温度则会使奶盖凝固而口感变差。

打发时间和程度：奶油应该打发至柔软而不过分稠密的程度，这样奶盖在口中能够迅速融化开来，并且有一定的稳定性。一般来说，打发到可以流动的状态即可。

均匀搅拌：在打发过程中要均匀搅拌，确保奶盖不结块，使奶盖更加细腻。

（三）奶盖与饮品的搭配

茶汤的要求：为了使奶盖能稳稳地浮于茶饮之上，茶汤的温度和浓度要适宜。如果茶汤温度过高，奶盖可能会因受热而融化，与茶汤混合，从而破坏分层效果。如果茶汤浓度过低，奶盖会容易下沉，难以维持稳定的分层。所以需要适当降低茶汤温度，增加茶汤的浓度。

装饰与呈现：挤上奶盖后，可以在表面过筛一些抹茶粉、可可粉等作为装饰，既美观又增加了风味。也可以选择可食用的装饰叶如薄荷叶、清香木等来装饰，提升美观度也不影响茶味。

（四）注意事项

制作奶盖的工具和容器应该保持清洁，确保食品安全。打发后的奶盖最好在 1 ~ 2

天内用完，因为长时间放置，特别是未密封保存的情况下，奶盖会逐渐流失水分，导致其质地变稀，口感和风味也会大打折扣。

三、“茉莉花茶+”风味搭配

茉莉花茶作为一种风味独特的茶饮，不仅能够与乳制品完美融合，还能与多种水果搭配：柠檬的酸味与茉莉花茶的清香相得益彰，令饮品清新爽口；菠萝的香甜与茉莉花茶的香气相互融合，体现浓浓的热带风情；杧果的浓郁甜香与茉莉花茶的清新雅致相互映衬，让饮品更加诱人可口。此外，百香果、橙子、蓝莓等水果也可以与茉莉花茶搭配。茉莉花茶还可以与玫瑰花、菊花、洛神花、枸杞、桑葚干等多种食材搭配，制作出具有不同功效和口感的茶饮。这些搭配不仅丰富了茉莉花茶的口感层次，还带来了更多的健康益处。

训练与拓展

1. 知识巩固

• 填空题

（1）制作浮云茉莉奶茶时，首先要冲泡茉莉花茶，适宜水温为 ________℃左右。

（2）茉莉花茶，又称茉莉香片、熏花茶，它是将 ________ 和 ________ 进行拼合、窨制，使茶叶吸收花香而成的。

• 选择题

（1）茉莉花茶属于哪一类茶？（　　）

A. 花茶　　B. 白茶　　C. 乌龙茶　　D. 红茶

（2）关于奶盖的打发程度，以下说法正确的是。（　　）

A. 打发至非常稠厚，几乎不能流动的状态最佳

B. 打发至柔软且能流动的状态，这样奶盖既能稳稳地浮在茶饮上，又不会过于稠厚

C. 奶盖打发得越蓬松口感越好，无需控制打发程度

D. 奶盖打发程度对最终口感没有影响

• 判断题

（1）在制作奶盖时，必须加入盐。（　　）

（2）奶盖可以长时间放置在室温下保存。（　　）

2. 技能精进

· 杧果奶盖制作

将杧果打成泥，加入奶盖中，搅拌均匀后打发，得到带有杧果果香的奶盖。

3. 领域拓展

为项目三任务一中的碧螺春轻乳茶制作一款创意奶盖，可以是水果奶盖、芝士奶盖、抹茶奶盖、可可奶盖等；可以在奶盖上撒上一些果粒、坚果碎、巧克力粉、奥利奥碎等，增加口感和视觉效果；也可以使用裱花袋将奶盖挤出各种形状，如花朵、星星等，增加趣味性。请为饮品命名，并阐述奶盖的创意思路。

学习评价

内容		评价								
评价项目	评价要素	自评			互评			教师评		
		优秀	较好	待改进	优秀	较好	待改进	优秀	较好	待改进
专业知识	茉莉花茶概念									
	茉莉花茶历史发展									
	茉莉花茶营养成分及功效									
	了解“茉莉花茶+”风味搭配									
	浮云茉莉调饮流程									
专业能力	茉莉花茶基底茶的冲泡									
	奶盖的制作									
	浮云茉莉饮品的调制									
通用能力	协作能力									
	创新能力									
	语言表达能力									
	审美能力									

续表

内容		评价								
评价项目	评价要素	自评			互评			教师评		
		优秀	较好	待改进	优秀	较好	待改进	优秀	较好	待改进
情感态度	执着专注									
	精益求精									
	一丝不苟									
	追求卓越									
备注	优秀（5分）；较好（3～4分）；待改进（0～2分）									

参考答案

任务二　青提茉莉

青提与茉莉花茶搭配，展现出一种清新雅致、果香与花香交织的特色。青提的饱满多汁与茉莉花的清新芬芳相互融合，使得整个饮品口感层次丰富，既有青提的甘甜多汁，又有茉莉花的淡雅清香，是夏日消暑解渴的上佳选择。

任务描述

阳光明媚的早晨，佳茗满怀期待地走上工作岗位，准备为周末家中举办生日派对的老顾客定制两款夏日特调饮品。她计划以茉莉花茶为基底，结合应季水果，通过不同调制手法，打造口感清爽、外观绚丽的饮品，为夏日增添亮色，带给顾客愉悦体验。两款饮品为：青提茉莉和蜜桃茉莉冷萃（详情见任务三）。

任务分析

一、风味搭配

青提以其独特的甘甜和清新的果香著称，而茉莉花茶则带有淡雅的花香和清新的茶味，两者结合，青提的甘甜能够中和茉莉花茶的微苦，使得整体口感更加柔和、清新。

二、制作技法

制作青提茉莉饮品时，采用摇和法能让青提、茉莉花茶和糖浆等原料充分融合，既节省时间又提升效率。操作时需控制摇和力度，以防茶饮溢出或损坏器具。

三、健康与功效

青提含有丰富的膳食纤维和维生素，有助于促进肠道蠕动，改善消化功能。茉莉花茶具有促进消化、排毒养颜的功效。两者结合，相得益彰，健康与美味双倍享受。

任务实践

一、原料、辅料（以 300mL 的出品杯为例）

材料名称	数 量	青提茉莉
茉莉花茶	5g	
热水	125g	
冷却用冰块	75g	
青提果肉	30g	
柠檬片	10g	
糖浆	10g	
青提果泥	20g	
出品冰块	50g	
装饰叶、柠檬、青提片	少许	

二、制作器具

萃茶壶、茶荷、茶匙、调制杯、雪克杯、出品杯、量杯、小盘、搅拌棒、捣棒、夹子、杯垫、茶巾、电子秤等。

三、制作过程

青提茉莉制作

青提茉莉制作过程		
（1）将 5g 茉莉花茶放入茶壶，注入 125mL 热水（80 ℃左右），浸泡 8 分钟，中途搅拌一次，过滤后加入 75g 冰，使茶汤迅速降温。		

续表

青提茉莉制作过程		
（2）往雪克杯中加入15g青提果肉，2片柠檬，轻轻捣碾。		
（3）往雪克杯中加入糖浆10g；青提果泥20g，冰块加至七分满，倒入茉莉花茶茶汤，进行摇和。		
（4）出品杯底加入青提果肉15g，冰块50g，加入摇和好的青提茉莉花茶。		
（5）加上装饰叶、柠檬片、青提片作为杯饰即可出品。		
备注：调制过程符合《GB 12695—2016 食品安全国家标准 饮料生产卫生规范》		

四、试饮体会

试饮测试口感，细心品尝，认真观察，相互交流，填写评价表，总结归纳饮品的优缺点。

茶饮品评价表				
饮品名称：				
项 目	评 价			
	优秀	良好	一般	不足
颜色搭配合理				
装饰造型美观				
香气自然，令人愉悦				
口感丰富，有层次感				
顺滑不涩口				
甜度适口，不腻人				
风味平衡				
回味悠长				
优点：				
不足：				
对你的启发：				
配方改良建议：				

五、茶饮推介

（一）茶签制作

设计一款与青提茉莉花茶相得益彰的茶签，可以从以下几个方面进行构思：

材质选择：选择天然、环保的竹质或木质材料，既符合现代人追求自然健康的理念，又能很好地衬托出青提茉莉花茶的清新气质。

形状设计：将茶签卡设计成青提的形状，既可爱又有趣，能够让人一眼就联想到这款茶的主要成分。也可以将茶签设计成茉莉花的形状，以细腻的线条勾勒出茉莉花的轮廓，增添一份雅致。或者将青提和茉莉花的元素巧妙地结合在一起，形成一个独特的形状，如青提上缠绕着一朵茉莉花，既美观又富有创意。

图案与色彩：在茶签上印制清晰的青提和茉莉花图案，可以是手绘风格，也可以是简约的线条风格，以突出这款茶的清新与雅致。选择与青提和茉莉花相协调的色彩进行搭配，如淡绿色、浅黄色和白色等，以营造出一种清新、自然的氛围。

（二）推介词撰写

青提茉莉推介词

青提与茉莉的完美邂逅，不仅带来了视觉上的清新自然，更让味蕾体验到了前所未有的丰富层次。茶汤色泽清亮，口感清新香醇，既有青提的甘甜多汁，又有茉莉的芬芳悠长，每一口都是对自然的赞美和对生活的热爱。

相关知识

一、茉莉花茶的选购与冲泡技巧

（一）选购

干茶：品质上乘的茉莉花茶，其外形匀整且饱满，白毫明显，色泽油润光亮，干花残留量较少。

香气：茉莉花茶香气高雅而不刺鼻，纯净而不混杂，且香气悠长持久。相比之下，品质较差的茉莉花茶香气则显得沉闷浑浊。

汤色：以汤色纯净，黄绿或浅黄明亮为宜。

滋味：醇厚鲜爽，回甘明显，高级的茉莉花茶口感更加细腻顺滑。

叶底：叶底均匀且色泽鲜亮，是优质茉莉花茶的特征之一。

（二）冲泡

茶具选择：冲泡茉莉花茶时，可以选用透明的玻璃杯，以便清晰地观赏茶叶在水中缓缓舒展、翩翩起舞的优雅姿态。此外，盖碗冲泡也是一种不错的选择，盖碗不仅有助于更好地品味茶叶的馥郁香气，还能让人在品茶的过程中感受到盖碗茶所蕴含的文化底蕴与独特魅力。

投茶量：根据个人口味和茶具大小，选择适量的茶叶进行冲泡。一般来说，使用 3 ~ 5g 茶叶即可。

水温控制：泡茉莉花茶的理想水温通常在 85℃到 90℃之间。这个温度范围能够有效地激发茉莉花茶的香气，同时避免因水温过高产生的苦涩味，使茶汤更加鲜爽甘甜。不同来源的茉莉花茶可能会有细微差异，冲泡时还要看茶泡茶，以保证茶性充分展现。

冲泡时间：为了保持茉莉花茶醇和的口感和鲜灵的香气，应该避免长时间浸泡。

二、茶调饮基本技法——摇和法

摇和法这一经典的鸡尾酒调制技法，同样适用于中式茶调饮领域，尤其在处理那些不易相互融合的材料时更能展现出其独特优势。诸如果肉、奶油、糖浆以及高糖分果汁等配料，在摇和的过程中能够更充分地混合均匀，使得最终的茶饮品口感层次丰富，风味独特。

（一）雪克杯的组成与规格

雪克杯也称为摇杯，是英文“shake”（摇动）的音译。雪克杯分为三段式，从下到上依次是杯身、杯盖（也称隔冰器、过滤盖）、顶盖。规格一般分为 360mL、500mL、700mL、1000mL 四种，可选择适合自己手掌大小的规格来使用。

（二）摇和法步骤

准备材料：根据茶调饮配方准备所需的各种材料，包括基底茶、辅料（如果汁、牛奶、果肉等）、冰块等。

加入冰块：在雪克杯中加入适量的冰块。冰块的量要适中，以确保摇和过程中能够充分冷却饮品，同时避免冰块过多导致饮品稀释。

投放材料：按照配方要求有顺序地将材料投放到雪克杯内。通常，先加入密度较大的材料，如果肉、糖浆等，再加入基底茶和其他辅料。注意材料不要投放过满，以免摇和时溢出。

盖上滤冰器：将雪克杯的盖子和滤冰器装上。滤冰器的作用是过滤掉摇和过程中产生的冰碴和未完全溶解的冰块。

摇动雪克杯：双手握住雪克杯，采用合适的摇法（如直线摇法、抛物线形摇法等）进行摇动。摇动时要用力均匀，有节奏且动作连贯。摇动雪克杯的速度要快，以避免冰块融化过多而冲淡茶味。摇和时间一般不超过 20 秒，当壶身变冷，出现一层“白雾”时，通常表示摇和时间已经足够。

滤茶入杯：摇动完成后，先打开顶盖，再打开杯盖，通过隔冰器将饮品倒入杯中。

注意要撇去浮沫，使饮品口感更好且视觉上更美观。

注意事项：雪克杯内不能加进汽水类含有气体的材料，以免产生泡沫影响饮品的口感和外观。也应避免加入温度超过 40℃以上的原料，防止摇和时产生蒸汽，导致茶汤喷涌。

三、雪克杯摇和法——直线形

直线摇法是雪克杯摇动时最常用且最基础的方法。它的特点在于简单省力，且能很好地控制雪克杯。

操作方法：将雪克杯置于身前，双手握住雪克杯，手臂略抬起，呈伸曲动作。然后以一条直线为轨迹，前后摇晃雪克杯。直线摇法还可以衍生出一段摇法、二段摇法、三段摇法等，具体方法可根据饮品的种类和制作要求进行选择。

雪克杯
直线摇和法

训练与拓展

1. 知识巩固

• 填空题

（1）调饮茶中使用摇和法调制时需要注意摇动时要用力 ________，有节奏且动作连贯。摇动雪克杯的速度要 ________，以避免冰块融化过多而冲淡茶味。

（2）要掌握好摇和的时间，一般摇到茶变冷、雪克杯外面出现 ________ 即可。

• 选择题

（1）调饮茶中使用摇和法的主要目的是什么？（　　）

A. 增加茶的香气

B. 使茶与添加物充分混合并冷却

C. 改变茶的颜色

D. 去除茶中的苦涩味

（2）制作青提茉莉茶饮时，以下哪种步骤不是必需的？（　　）

A. 清洗青提和茉莉花

B. 将青提榨汁

C. 加入大量冰块

D. 搅拌混合

（3）以下关于青提茉莉口感特点的描述，哪一项是正确的？（　　）

A. 口感苦涩，带有强烈的茶香

B. 口感浓烈，甜度极高，无回甘

C. 口感清爽，带有淡雅的花香和果香，回甘明显

D. 口感酸爽，清凉十足

（4）下列哪一项不是青提茉莉茶饮的潜在健康益处？（　　）

A. 抗氧化　　B. 减肥　　C. 清新口气　　D. 舒缓神经

• **判断题**

（1）在使用摇和法制作调饮茶时，为了更快达到混合效果，可以延长摇和的时间至 30 秒以上。（　　）

（2）在摇和法制作调饮茶的过程中，加入的冰块数量对最终饮品的口感没有影响。（　　）

2. 技能精进

• 将项目三中任务二“柚见龙井”制作过程中的搅拌法改为摇和法进行制作，请谈一谈这两种方法的出品在外观和口感上的区别。

3. 领域拓展

• **杨梅茉莉花茶制作**

探索味蕾新境界，与杨梅茉莉花茶共舞夏日浪漫。请你以茉莉花茶为基底茶，以杨梅（鲜果或罐头）为配料，制作一杯杨梅茉莉调饮茶。根据你的创意选择适宜的调和手法，制作创意杯饰，为饮品起名，并设计推介词。

学习评价

内容		评价								
评价项目	评价要素	自评			互评			教师评		
		优秀	较好	待改进	优秀	较好	待改进	优秀	较好	待改进
专业知识	茉莉花茶的选购技巧									
	茉莉花茶的冲泡方法									
	青提茉莉调饮流程									

续表

内容		评价								
评价项目	评价要素	自评			互评			教师评		
		优秀	较好	待改进	优秀	较好	待改进	优秀	较好	待改进
专业能力	茉莉花茶基底茶的冲泡									
	青提茉莉饮品的调制									
	雪克杯摇和法									
	饮品装饰的制作									
通用能力	协作能力									
	创新能力									
	语言表达能力									
	审美能力									
情感态度	执着专注									
	精益求精									
	一丝不苟									
	追求卓越									
备注	优秀（5分）；较好（3～4分）；待改进（0～2分）									

参考答案

任务三　蜜桃茉莉冷萃

冷萃工艺让茉莉花茶的香气更加悠长细腻，而蜜桃的加入则为茶饮增添了一抹天然的果香与甘甜，两者相得益彰，既保留了茉莉花茶的雅致清新，又融入了蜜桃的活泼甜美。

任务描述

根据周末的生日派对订单需求，佳茗决定制作另外一款夏日特调，将冷萃茉莉花茶与新鲜蜜桃结合制作清凉果茶，其命名为蜜桃茉莉冷萃。蜜桃茉莉冷萃在本次派对中采用一茶两喝的形式，宾客可以品尝到纯粹的冷萃茉莉花茶，感受其清雅脱俗的韵味；也可以感受加入蜜桃的茉莉冷萃调饮，体验果香与茶香的完美交融。这款饮品不仅健康美味，更是佳茗为周末生日派对精心准备的一份心意与惊喜，旨在让每一位宾客都能享受到这份独特的夏日清凉。

任务分析

一、饮品特色

冷萃茉莉花茶是近年来兴起的一种茶饮新风尚，其独特的萃取方式、清新雅致的口感、悠长持久的香气以及丰富的营养成分，成为现代人追求健康生活方式的一种理想选择。

蜜桃茉莉冷萃茶是一款将蜜桃的果香、茉莉花的清香以及冷萃茶的清爽口感完美结合的特色饮品。这款饮品口感丰富、层次分明、外形秀丽，是夏日里解暑降温的绝佳选择。

二、冷萃技术

选用优质茉莉花茶，确保茶叶香气浓郁、口感醇厚。将茶叶置于冷水中，通过低温长时间浸泡的方式萃取茶汤。这种方法不仅保留了茶叶的原始风味与营养成分，还使得茶汤更加清洌、柔和。

浸泡时间为室温一般 4 ~ 6 小时，冷藏 8 ~ 12 小时，具体时间可根据个人口味和茶叶品质进行调整。

三、蜜桃汁与果肉的搭配

根据饮品容量和个人口味调整蜜桃汁用量，可以将新鲜蜜桃去皮去核后榨汁，确保果汁新鲜、无杂质。每杯饮品中加入适量蜜桃果肉，增加口感层次和营养价值。如果为了增加饮品的色彩感，也可以加入微量的新鲜火龙果汁以调出一种粉嫩的色调，使饮品色彩更加丰富诱人。

四、糖浆的用量

根据饮品甜度和个人口味进行调整。一般建议每杯饮品中加入 10 ~ 20mL 的糖浆。

五、饮品装饰

可在饮品边缘贴上几片蜜桃片，或制作一个桃片茶签，同时点缀一些薄荷叶、清香木，以增加杯饰的自然元素与色彩层次感。

任务实践

一、原料、辅料（以 400mL 的出品杯为例）

材料名称	数 量	蜜桃茉莉冷萃
茉莉花茶	6g	
矿泉水	240mL	
桃子果肉	40g	
桃汁	20g	
糖浆	12mL	
桃子片	10g	
火龙果汁	10mL	
出品冰块	70g	
装饰叶	羊齿叶	

二、制作器具

萃茶壶、茶荷、茶匙、调制杯、雪克杯、出品杯、量杯、小盘、搅拌棒、捣汁棒、夹子、杯垫、茶巾、电子秤等。

三、制作过程

蜜桃茉莉冷萃

蜜桃茉莉冷萃制作过程		
(1)将 6g 茉莉花茶放入萃茶壶，注入 240mL 矿泉水，常温浸泡 4 小时，中途搅拌一次，滤汤备用。		
(2)雪克杯中加入 40g 桃子果肉，碾碎，加入 20g 冰块。		
(3)加入桃汁 20g、糖浆 12mL、火龙果汁 10mL(调色)、冷萃后的茶汤，用雪克杯进行摇和。		

续表

蜜桃茉莉冷萃制作过程	

（4）出品杯底加入冰块70g，倒入摇和好的蜜桃茉莉冷萃茶。	 
（5）放上装饰叶、桃子片做好的杯饰，出品。	 
备注：调制过程符合《GB 12695—2016 食品安全国家标准 饮料生产卫生规范》	

四、试饮体会

试饮测试口感，细心品尝，认真观察，相互交流，填写评价表，总结归纳饮品的优缺点。

茶饮品评价表				
饮品名称：				
项　目	评　价			
	优秀	良好	一般	不足
颜色搭配合理				
装饰造型美观				
香气自然，令人愉悦				
口感丰富，有层次感				
顺滑不涩口				
甜度适口，不腻人				
风味平衡				
回味悠长				
优点：				
不足：				
对你的启发：				
配方改良建议：				

五、茶饮推介

（一）茶签制作

茶签的设计融合了艺术美学和审美观念，通过精美的图案、线条和色彩搭配，展现出独特的艺术魅力。茶签不仅是一件实用品，更是一件艺术品，能够给人们带来美的享受和心灵的愉悦。

茶签上可以用文字简明地说明茶名、成分及特色，以此茶饮为例：

茶名：蜜桃茉莉冷萃

成分：蜜桃、茉莉花茶

特色：果香四溢、清新爽口、夏日解暑佳品

风味特色：花香清新雅致，果香清甜浓郁，冷萃工艺，让清爽在舌尖绽放。

（二）推介词撰写

蜜桃茉莉冷萃推介词

炎炎夏日，一杯蜜桃茉莉冷萃茶唤醒感官的清新之旅。采用高品质茉莉花茶与优质蜜桃，经过长时间的低温萃取，保留了茶叶的清雅与果实的鲜甜。让这份清新与甜蜜，成为您日常小憩的最佳伴侣，唤醒生活的无限可能。

相关知识

一、冷萃茶介绍

冷萃茶，又称为冷泡茶或冰酿茶，以其独具特色的萃取工艺和清爽甘甜的口感，在现代茶饮界成为颇受欢迎的一种健康、美味且制作简便的茶饮方式。

（一）定义与特点

冷萃茶是将茶叶用冷水或冰水，长时间低温浸泡而制成的茶饮。通常需要 4 ~ 8 小时甚至更长时间的密封浸润，使茶叶中的物质缓慢而充分地萃取到水中。这种泡茶方式不仅保留了茶叶的天然香气和营养成分，还避免了高温泡茶可能带来的苦涩口感和营养流失。因此，冷萃茶是指使用冷水或冰水作为泡茶介质，通过长时间的密封浸润（通常为 4 ~ 8 小时，甚至更长时间如 8 ~ 12 小时），使茶叶中的物质缓慢而充分地萃取到水中，从而形成的一种茶饮。这种泡茶方式不仅保留了茶叶的天然香气和营养成分，还赋予了茶汤独特的清爽口感。

（二）口感与风味

由于冷萃茶采用低温浸泡的方式，茶叶中的氨基酸等甜味物质会优先溶解于冷水中，而苦涩味的来源——单宁酸和咖啡因等则相对不易溶解。因此，冷萃茶的口感往往更加清爽甘甜，减少了传统热泡茶可能带来的苦涩感。同时，冷萃茶还能更好地保留茶叶中的花果香气，使得茶汤的风味更加层次丰富。

（三）营养价值

低温浸泡的过程减少茶叶中营养成分的流失，使得冷萃茶在保留茶叶原有风味的同时，也更好地保留了其营养成分。这些营养成分包括茶多酚、儿茶素等抗氧化物质，对人体健康具有诸多益处。

（四）适用茶叶种类

冷萃茶适合多种茶叶种类，如绿茶、白茶、花茶、乌龙茶、红茶等。不同的茶叶在冷萃过程中会展现出不同的风味特点，例如，绿茶冷萃后口感清爽，白茶冷萃后甜味凸显，乌龙茶冷萃后花香浓郁，红茶冷萃后口感醇厚。

（五）制作方法与步骤

制作冷萃茶的方法相对简单，只需将适量的茶叶放入密封容器中，加入常温矿泉水，然后密封，常温浸泡 4 ~ 6 小时，冰箱冷藏 8 ~ 12 小时即可。在浸泡过程中，茶叶会缓慢地释放出香气和味道，形成清爽甘甜的冷萃茶。

二、创意杯饰制作

桃子作为一种水果，不仅美味可口，其形象也常常被巧妙地运用在杯饰设计中，为饮品增添一抹生动与趣味。参考图片杯饰，根据杯型、容量、色彩搭配合适的杯饰，让饮品更受消费者欢迎。关于桃子做的杯饰，可以从以下几个方面来设计：

（一）设计元素

桃子形状：最直接的设计方式就是将桃子本身或其形状融入杯饰中。可以使用鲜桃切片、桃子形状的巧克力或糖艺制品作为装饰，放置在饮品表面或杯口边缘。

桃子图案：在杯身、杯盖或杯托上印制或绘制桃子图案，如桃子的轮廓、切面图或是与桃子相关的卡通形象，增加视觉吸引力。

桃子色彩：运用桃子的粉红色系作为杯饰的主色调，通过色彩搭配营造出温馨、甜美的氛围。

（二）创意应用

立体装饰：制作立体的桃子形状装饰物，如用软糖、翻糖或巧克力等材质制成的桃子模型，可以放置在饮品上方或悬挂于杯沿，增加立体感和趣味性。

互动元素：设计一些与桃子相关的互动元素，如可旋转的桃子杯套，或者在饮品中加入可食用的桃子干、桃子冰球等，让顾客在品尝饮品的同时也能享受互动的乐趣。

三、“一茶多喝”主题产品

“一茶多喝”指通过不同的冲泡方式及食材搭配来品尝同一种茶叶，从而体验不同的风味和口感，这一理念在市场上逐渐受到消费者的欢迎，众多茶饮店纷纷推出了各具特色的“一茶多喝”系列产品，为消费者提供更加个性化、多样化的茶饮体验。蜜桃冷萃茉莉“一茶双喝”，将传统清饮中的茉莉冷萃茶与现代创新风味的蜜桃茉莉冷萃相结合，让消费者在“双喝”中既能感受到传统茶饮的雅致，又能品味到现代新茶饮的时尚，实现了传统与现代茶饮文化的巧妙融合。

训练与拓展

1. 知识巩固

• 填空题

（1）蜜桃茉莉冷萃茶的主要原料包括 ________ 和 ________。

（2）冷萃茶是将茶叶用冷水或冰水，________ 而制成的茶饮。

• 选择题

（1）冷萃茶的主要特点是什么？（　　）

A. 茶汤清澈，口感清爽甘甜柔和

B. 茶汤颜色浅，滋味寡淡，香气不足

C. 茶汤浓郁，口感苦涩，滋味丰富

D. 茶汤无色无味

（2）制作冷萃茶的水温是多少？浸泡多长时间？（　　）

A. 80℃ 5 分钟

B. 常温水或冰块，4 ~ 6 小时

C. 100℃ 2 分钟

D. 常温水 2 小时

• 判断题

（1）冷萃茶这种泡茶方式不仅保留了茶叶的天然香气和营养成分，还赋予了茶汤独特的清爽口感。（　　）

（2）低温浸泡的过程有助于减少茶叶中营养成分的流失，这些营养成分包括茶多酚、儿茶素等抗氧化物质，对人体健康有益。（　　）

2. 技能精进

尝试并实践使用不同种类的茶叶进行冷萃，深入探索它们各自的冷萃特性以及所带来的口感差异，从而提升和完善冷萃茶的制作技能。

3. 领域拓展

• 桃桃乌龙茶制作

以乌龙茶为基底茶，以桃子为配料，制作一杯乌龙茶饮。确定茶饮主题，进行创意设计，为饮品起名，阐述主题设计思路。

学习评价

内容		评价								
评价项目	评价要素	自评			互评			教师评		
		优秀	较好	待改进	优秀	较好	待改进	优秀	较好	待改进
专业知识	冷萃茶的定义									
	冷萃茶的营养价值									
	冷萃茉莉花茶口感与风味									
	掌握蜜桃茉莉冷萃茶调饮流程									
专业能力	茉莉花茶的冷萃									
	蜜桃茉莉冷萃的调制									
	茶叶冷萃法									
	饮品装饰的制作									
通用能力	协作能力									
	创新能力									
	语言表达能力									
	审美能力									
情感态度	执着专注									
	精益求精									
	一丝不苟									
	追求卓越									
备注	优秀（5分）；较好（3～4分）；待改进（0～2分）									

参考答案

项目五

绿叶红镶韵味浓
千揉百焙圣妙香
——乌龙茶调饮

思维导图

项目五 绿叶红镶韵味浓 千揉百焙圣妙香——乌龙茶调饮

- 任务一 岩韵红袍奶茶
- 任务二 雪梨铁观音
- 任务三 鸭屎香手打柠檬茶

学习目标

- 学会以大红袍为基底茶的乳茶制作。
- 学会以铁观音为基底茶的果茶制作。
- 学会以鸭屎香为基底茶的手打柠檬茶制作。
- 了解乌龙茶相关文化知识。
- 理解"乌龙茶 +"风味搭配。
- 培养创新与审美意识，提高综合职业素养。

当秋风轻拂过金黄的稻田，乌龙茶便在这一片丰收的画卷中悄然绽放它的独特魅力。秋日饮乌龙仿佛是与自然的一次呢喃细语，每一次轻嗅，每一次浅尝，都是对秋日深情的品位。

任务一　岩韵红袍奶茶

武夷山茶历史悠久，品质卓越，自古享有"溪边奇茗冠天下，武夷仙人从古栽"的美誉。大红袍为岩茶珍品，被誉为"岩茶之王"，其精湛的工艺和独特的韵味，让它在众多茗茶中独树一帜，极具声望。

任务描述

秋高气爽的午后，佳茗安排好店里的事务早早下班奔赴每月一次的茶友小聚。三五茶友围坐一堂，在茶香袅袅中共享大红袍的芬芳。席间，角落里的一个牛皮纸袋吸引了佳茗的注意，主人说这些都是短碎的茶末，一时舍不得扔就放在那里了。佳茗提议用这些茶末为大家调制秋天的第一杯奶茶：岩韵红袍奶茶——琥珀流年。

任务分析

琥珀流年是一款以大红袍为基底茶制作的具有独特岩骨花香韵味的奶茶。将享有"茶中状元"美誉的大红袍岩茶之深厚底蕴，巧妙融合现代风情与时尚元素，打造出别具一格的创新饮品。大红袍茶叶馥郁怡人，与鲜奶交融，口感丝滑醇厚，让人回味无穷。顶部覆盖厚厚的奶油雪顶，甜度适中，与茶底一起喝，甜而不腻，为饮品增添了丰富的口感和视觉效果。

制作琥珀流年需要精心准备材料和工具，并按照冲泡茶叶、制作奶茶、制作雪顶、组合饮品等步骤进行。在制作过程中，需要注意控制冲泡时间、搅拌均匀度、打发程度和外形美观度等关键要素。

任务实践

一、原料、辅料（以 500mL 的出品杯为例）

材料名称	数 量	琥珀流年
大红袍	8g	
水（95℃）	200mL	
冷却冰块	80g	
牛奶	100mL	
焦糖糖浆	20mL	
炼乳	20g	
淡奶油	20mL	
白砂糖	10g	
桂花装饰	少许	

二、制作器具

水壶、萃茶壶、公道杯、出品杯、盎司杯、搅拌勺、电动打发器等。

三、制作过程

琥珀流年制作

<table>
<tr><th colspan="2">琥珀流年制作过程</th></tr>
<tr><td>（1）取 8g 大红袍茶放入萃茶壶，注入 200mL 热水（95℃），浸泡 10 分钟，中途搅拌一次，过滤茶汤后迅速冷却。</td><td>     </td></tr>
<tr><td>（2）将焦糖糖浆 20mL、炼乳 20g、牛奶 100mL 倒入茶汤中，并搅拌均匀。</td><td> </td></tr>
<tr><td>（3）将步骤（2）中调制好的奶茶液倒入出品杯。</td><td></td></tr>
</table>

续表

琥珀流年制作过程	
（4）加入淡奶油进行打发。打发过程中分 2 ~ 3 次加入白砂糖。	 
（5）轻轻提起打蛋器，淡奶油呈尖角不弯曲状态，打发完成（不同食物的打发程度略有不同，以实际情况为准）。	 
（6）轻撒桂花进行装饰（也可以选择彩色糖粒、肉桂粉等装饰）。	 
备注：调制过程符合《GB 12695—2016 食品安全国家标准 饮料生产卫生规范》	

四、试饮体会

试饮测试口感，细心品尝，认真观察，相互交流，填写评价表，总结归纳饮品的优缺点。

茶饮品评价表				
饮品名称：				
项 目	评 价			
	优秀	良好	一般	不足
颜色搭配合理				
装饰造型美观				
香气自然，令人愉悦				
口感丰富，有层次感				
顺滑不涩口				
甜度适口，不腻人				
风味平衡				
回味悠长				
优点：				
不足：				
对你的启发：				
配方改良建议：				

五、饮品推介

（一）茶签制作

采用武夷岩茶特有的红褐色为主色调，象征大红袍的醇厚与深邃，更如同琥珀流年般沉淀着岁月的光辉与茶香的悠长。辅以金色或银色作为点缀，增添奢华感。以水墨画风呈现武夷山的巍峨与岩石的嶙峋，象征大红袍生长的独特环境。在卡片的一角，以细腻的插画形式描绘大红袍茶叶与雪顶的结合，展现饮品的特色。文字部分简明地描述名称、产品成分、风味特色等。

茶名：琥珀流年

成分：大红袍、鲜奶

风味特色：岩骨花香、绵密奶香，层次丰富，醇厚甘甜。

（二）推介词撰写

一名专业的调饮师在向顾客推介茶饮时，不仅要有扎实的专业知识和敏锐的洞察力，还需要具备良好的表达能力、实用的沟通技巧。茶饮推介的过程不仅仅是将产品信息简单罗列的过程，它是一场关于感官、文化和情感的交流，旨在激发消费者的兴趣，引导他们体验茶饮带来的独特价值。

琥珀流年推介词

一杯琥珀流年，体验岩骨花香与醇厚奶香的完美融合。每一口，都是对大红袍独特岩韵的探索；每一滴，都是雪顶牛奶带来的丝滑与温柔。无论是独自品味，还是与友人共享，“琥珀流年”都会成为我们美好时光中的一抹亮色。

相关知识

一、武夷岩茶地理标志产品保护范围

《GB/T18745—2006 地理标志产品 武夷岩茶》规定：武夷岩茶地理标志产品保护范围为福建省武夷山市所辖行政区范围。

二、武夷岩茶定义

武夷岩茶是指在地理标志产品保护范围内，独特的武夷山自然生态环境条件下选用适宜的茶树品种进行无性繁育和栽培，并用独特的传统加工工艺制作而成，具有岩韵（岩骨花香）品质特征的乌龙茶。

三、大红袍

大红袍属乌龙茶，是著名的岩茶品种，有“茶中状元”之美称。原产福建省武夷山天心岩九龙窠的高岩峭壁之上。大红袍香幽而奇，味醇而清，回味甘爽。“武夷焙法，实甲天下”。大红袍的制作工艺极为讲究，经过采摘、晾青、做青、炒青、揉捻、烘焙等多道复杂工序。正是这得天独厚的自然地理环境与精益求精的制作工艺，共同铸就了大红袍独一无二的品质特色，使其成为备受推崇的茶中瑰宝。

四、纯种大红袍、母树大红袍和商品大红袍的区别

在武夷山茶文化体系中，母树大红袍、纯种大红袍与商品大红袍各自承载着独特的品质与历史传承，它们之间的区别在于繁殖方式、采摘工艺及拼配技术不同。

母树大红袍，源于武夷山九龙窠内的六株珍贵茶树，由三个独立的品系构成，通过种子繁育而成。这些品系在叶形、生长周期与采摘时间上存在显著差异。历史上，母树大红袍遵循分批采摘、精细拼配与精制焙火的古法，最终成就其独特风味与历史地位。

纯种大红袍，源自母树大红袍中的单一品系，通过无性繁殖技术培育而成，确保了遗传性状的纯正。无性繁殖，即通过顶穗扦插的方式，快速且精确地复制母本性状，保证了纯种大红袍与母本的遗传一致性，无代际差异。

商品大红袍则是在现代茶艺实践中，通过科学的拼配技术，将两种或以上的茶品进行组合，旨在融合不同茶种的香气、口感与韵味。肉桂、水仙等岩茶品种常作为拼配主料，选料标准严格，侧重香气幽雅、汤质醇厚、韵味深长及回味悠长的特性。拼配原则遵循“香幽、水厚、韵足、回味好”的高标准，旨在创造均衡且层次丰富的品茗体验。

五、大红袍冲泡方法

（一）清饮法

1. 清饮法所需器具

茶具：紫砂壶（或瓷质小壶）、公道杯、品茗杯等。

水温：95 ~ 100℃为宜。

茶叶量：8g 左右（根据茶壶大小调整）。

2. 清饮法泡茶步骤

温具：用热水将所有茶具温烫，以保持茶汤温度，并清洁茶具。

置茶：将准备好的大红袍茶叶放入壶中。

洗茶：第一次冲入热水，迅速倒掉，这个过程称为“醒茶”，有助于去除茶叶表面的杂质并唤醒茶叶。

注水：采用悬壶高冲的注水方式，注水至八分满。

浸泡：1 ~ 4 道茶，浸泡时间较短，8 ~ 10 秒即可；随着冲泡次数增加，适当延长浸泡时间。

出汤：将泡好的茶汤倒入公道杯中。

分茶：公道杯中的茶汤均匀倒入各个品茗杯。采用高冲水、快出汤、低斟茶的手法。

品饮：拿起品茗杯，先观其色，闻其香，后尝其味。

（二）调饮法

调饮茶需要增加大红袍的浓度，以确保调饮茶中茶风味的保持。所以可以参照茶水比 1 ∶ 35 的比例，水温 100℃左右热水开盖浸泡 7 分钟。如果需要泡好的茶汤及时冷却，则可按照茶、水、冰 1 ∶ 25 ∶ 10 的比例冲泡，即 8g 茶，加入 200mL 热水，浸泡时中途搅拌一次，过滤后加入 80g 冰，即可得到想要的调饮基底茶。

六、“大红袍 +”风味搭配

大红袍不仅适合清饮，也可以与其他食材搭配制作成各种调饮。当大红袍与柠檬、橙子、蜜桃等水果搭配，果香与茶香交织，为茶饮增添一抹清新活泼的口感；与陈皮、枸杞、红糖等传统食材搭配可以起到滋补养生的作用；与牛奶、奶油搭配，制成雪顶奶茶能够赋予茶饮一份醇厚而浓郁的口感。

七、奶油打发步骤

冷藏奶油：将淡奶油放入冰箱冷藏至少 12 小时，确保奶油处于低温状态，有利于打发。

加入糖：在冷藏好的奶油中加入适量的细砂糖或糖粉，根据个人口味调整糖量。

低速打发：将奶油和糖混合后，使用电动打蛋器以低速开始打发。这有助于奶油逐渐形成细腻的泡沫。

逐渐加速：当奶油开始变得泡沫化时，逐渐增加搅拌速度，保持均匀的速度，避免奶油过度打发。

观察状态：打发过程中，观察奶油的质地变化。当奶油变得厚重，拉起时呈现柔软的尖峰，即为软性打发。如果需要更稳定的奶油（用于装饰），继续打发至出现坚挺的尖峰。

停止打发：当奶油达到所需状态时，立即停止打发，避免过度打发导致奶油变成颗粒状，从而失去光滑质地。

奶油打发

八、奶油雪顶制作

（一）裱花袋

制作奶油雪顶时，将奶油裱花袋悬于饮品上，轻轻挤压裱花袋，匀速挤出奶油。首圈紧贴杯缘，后续每圈上移前圈高度的1/3，保持匀速等量，以确保两圈奶油之间过渡自然。继续按照上述方法，逐层叠加至所需高度，适时调整角度和力度，使形状饱满圆润。

（二）奶油枪

提前冰镇或冷藏奶油枪，倒入调配好的奶油，确认密封后加9g二氧化碳并拧紧，倒置使奶油充分接触气体，摇晃20 ~ 30下至无水声。挤奶油时首圈紧贴杯壁，防止饮品溢出。后续边提边绕圈，收尾时果断松手，以获得自然的奶油尖。

（三）奶油喷灌

奶油喷灌适合咖啡馆、茶饮店及家庭快速制作奶油装饰。使用前清洗擦干喷头，多次摇动确保奶油均匀，对准目标轻压即可喷出奶油。用后清洁喷头并冷藏。奶油喷灌操作简便、易清洁，能精准控制奶油量。将剩余的奶油存于冰箱，也能保持其质地和形态，有效减少浪费，提升工作效率。

训练与拓展

1. 知识巩固

• 填空题

（1）大红袍是中国著名的 ________ 茶类之一。

（2）大红袍的冲泡水温一般推荐控制在 ________，以充分展现其香气和滋味。

• 选择题

（1）母树大红袍，源于武夷山（　　）内的六株珍贵茶树，由三个独立的品系构成，通过种子繁育而成。

A. 九龙窠　　B. 慧苑坑　　C. 流香涧　　D. 天心岩

（2）以下哪个选项不是岩韵红袍奶茶的组成部分？（　　）

A. 大红袍　　B. 牛奶　　C. 淡奶油　　D. 柠檬片

• 判断题

（1）岩韵红袍奶茶在制作过程中，通常会将奶油喷灌对准奶茶上方进行奶油装饰。（　　）

（2）将淡奶油放入冰箱冷藏至少12小时，确保奶油处于低温状态，有利于打发。（　　）

2. 技能精进

• 雪顶制作

使用奶油喷罐进行雪顶制作，在装有2/3清水的饮品杯内螺旋打圈制作雪顶，成型后的雪顶以不坍塌保持3分钟稳定为准。分组练习，同学之间相互监督与指导，完成组内互评。

3. 领域拓展

• 桂香岩韵奶茶制作

以岩韵红袍奶茶——琥珀流年的配方为参考，以岩茶肉桂为基底茶，使用奶油喷灌制作雪顶，搭配桂皮粉强化风味，自拟配方，创作一款桂香岩韵奶茶，为饮品命名，阐述主题思路，并设计饮品推介词。

学习评价

内容		评价								
评价项目	评价要素	自评			互评			教师评		
		优秀	较好	待改进	优秀	较好	待改进	优秀	较好	待改进
专业知识	岩茶的地理标志产品保护范围									
	岩茶的定义									
	大红袍品类及区别									
	“大红袍+”风味搭配									
	岩韵红袍奶茶调饮流程									
专业能力	大红袍的冲泡									
	岩韵红袍奶茶的制作									
	奶油的打发									
	雪顶的制作									

续表

内容		评价								
评价项目	评价要素	自评			互评			教师评		
		优秀	较好	待改进	优秀	较好	待改进	优秀	较好	待改进
通用能力	协作能力									
	创新能力									
	语言表达能力									
	审美能力									
情感态度	执着专注									
	精益求精									
	一丝不苟									
	追求卓越									
备注	优秀（5分）；较好（3～4分）；待改进（0～2分）									

参考答案

任务二　雪梨铁观音

铁观音，中国传统名茶之一，以香气若兰，滋味鲜醇著称，而雪梨具有清新自然的甜味和丰富的维生素，两者搭配在一起，在茶香中融入了一丝鲜果香，提升了茶饮的口感层次，令人耳目一新，是夏日消暑、秋冬润燥的佳品。

任务描述

温馨而宁静的午后，阳光透过窗户洒在古朴的木质地板上，为店内增添了几分暖意。此时，一位白发苍苍、步履稳健的老者步入店中。佳茗忙上前迎接招呼客人。面对琳琅满目的菜单，老者徘徊不定，佳茗见状再次上前询问她的喜好，随后根据季节的特点和老年人的体质和需求向她推荐本店秋季招牌茶——雪梨铁观音。听说雪梨铁观音既有铁观音的醇厚口感，又融入了雪梨的清甜与滋润，非常适合秋季养生饮用，客人露出了满意的微笑。

任务分析

秋季渐凉，老年人宜选温热饮品以润燥降火，助其适应气候变化，维护健康。铁观音作为知名的半发酵乌龙茶，香气高雅，富含茶多酚及多种微量元素，是优选之一。而秋季时令水果雪梨，清甜多汁，营养丰富，尤因其有清热润肺、生津止渴之效，特别适合秋季干燥天气。

将铁观音与雪梨水相结合，不仅保留了铁观音的茶香韵味，还融入了雪梨的清甜与滋润。制作时，先将雪梨切块煮水，待梨香四溢、水色微黄时，再用梨水冲泡铁观音，并根据个人口味调整甜度，加以装饰即可得到一杯既健康又美味的特色茶饮。

任务实践

一、原料、辅料（以 150mL 的出品杯为例）

材料名称	数量	雪梨铁观音
铁观音	5g	
水	150mL	
雪梨块	100g	
雪梨片	30g	
桂花	少许	

二、制作器具

盖碗、玻璃壶、出品杯、公道杯、茶荷、茶匙、刀、菜板、搅拌棒、杯垫、电子秤等。

三、制作过程

雪梨铁观音制作

雪梨铁观音制作过程	
（1）将 100g 梨切块放入玻璃壶中，加入 150mL 水煮沸后转小火慢煮 10 分钟后备用。 将盖碗和公道杯用热水烫具后备用。	
（2）将 5g 铁观音茶叶投入盖碗中，再加入少许桂花，用煮梨水冲泡，1 分钟后滤出茶汤。	
（3）将薄薄的梨片围成玫瑰花的形状，放于出品盖碗后，注入步骤（2）中的茶汤。	

续表

<table>
<tr><th colspan="3">雪梨铁观音制作过程</th></tr>
<tr><td>（4）热汤加入后，梨片随着温度提升，会发生变化，仿佛玫瑰花盛开一般，在中心撒入少许桂花装饰。</td><td></td><td></td></tr>
<tr><td colspan="3">备注：调制过程符合《GB 12695—2016 食品安全国家标准 饮料生产卫生规范》</td></tr>
</table>

四、试饮体会

试饮测试口感，细心品尝，认真观察，相互交流，填写评价表，总结归纳饮品的优缺点。

<table>
<tr><th colspan="5">茶饮品评价表</th></tr>
<tr><td colspan="5">饮品名称：</td></tr>
<tr><td rowspan="2">项　目</td><td colspan="4">评　价</td></tr>
<tr><td>优秀</td><td>良好</td><td>一般</td><td>不足</td></tr>
<tr><td>颜色搭配合理</td><td></td><td></td><td></td><td></td></tr>
<tr><td>装饰造型美观</td><td></td><td></td><td></td><td></td></tr>
<tr><td>香气自然，令人愉悦</td><td></td><td></td><td></td><td></td></tr>
<tr><td>口感丰富，有层次感</td><td></td><td></td><td></td><td></td></tr>
<tr><td>顺滑不涩口</td><td></td><td></td><td></td><td></td></tr>
<tr><td>甜度适口，不腻人</td><td></td><td></td><td></td><td></td></tr>
<tr><td>风味平衡</td><td></td><td></td><td></td><td></td></tr>
<tr><td>回味悠长</td><td></td><td></td><td></td><td></td></tr>
<tr><td colspan="5">优点：</td></tr>
<tr><td colspan="5">不足：</td></tr>
<tr><td colspan="5">对你的启发：</td></tr>
<tr><td colspan="5">配方改良建议：</td></tr>
</table>

五、茶饮推介

（一）茶签制作

铁观音以绿叶红镶边、汤色金黄、香气馥郁持久、滋味醇厚甘鲜而闻名。茶签的设计中可融入水墨山水、自然绿色系元素，如浅灰、灰绿、深绿、翠绿等，以体现茶叶的自然之美；雪梨部分则可以用米白色或淡黄色等柔和色调来表现，在图案的设计上也可以将铁观音的茶叶形态融入其中，或加入一些与雪梨相关的图案如卡通梨，或玫瑰花形状，再加入桂花等装饰物，以体现雪梨铁观音的特色。

（二）推介词撰写

雪梨铁观音 · 清雅之韵推介词

手捧一杯雪梨铁观音，轻轻啜饮，仿佛能感受到雪梨的汁水在舌尖跳跃，随后铁观音的香气缓缓升起，如同山间清风拂过心田。雪梨铁观音带您穿越喧嚣，回归大自然的怀抱，感受那份由内而外的清雅与宁静。

相关知识

一、安溪铁观音茶叶简介

（一）安溪铁观音地理标志产品保护范围

中华人民共和国国家质量监督检验检疫总局和中国国家标准化管理委员会联合发布的《GB/T 19598—2006 地理标志产品 安溪铁观音》中明确规定：安溪铁观音地理标志产品保护范围为福建省泉州市安溪县管辖的行政区域内，共计 24 个乡镇。地理坐标为东经 117º36′ ～ 118º17′ ，北纬 24º50′ ～ 25º26′，总保护面积约 3057.28 平方公里。

（二）安溪铁观音定义

安溪铁观音是指在地理标志产品保护范围内的自然生态环境条件下，选用铁观音茶树品种进行扦插繁育、栽培和采摘，按照独特的传统加工工艺制作而成，具有铁观音品质特征的乌龙茶。

（三）铁观音的类型

铁观音成品分为清香型和浓香型。清香型铁观音发酵程度相对较轻，烘焙时采用轻火。干茶外形条索肥壮，重实圆结，色泽砂绿。冲泡后，汤色金黄明亮，滋味鲜醇高爽，音韵明显。浓香型铁观音采用传统半发酵工艺，颗粒紧结重实，色泽砂绿乌润。冲泡后，茶汤深金黄色或橙黄（一般火候越高，颜色越深），口感醇厚鲜爽回甘，音韵明显。

（四）文化价值

安溪铁观音具有悠久的历史传承价值。作为中国传统名茶，中国十大名茶之一，安溪铁观音有着一千多年的悠久历史，形成了“纯、雅、礼、和”的茶道精神。安溪铁观音制茶技艺经过千年的传承与发展，如今连同其他中国传统制茶技艺及其相关习俗被列入联合国教科文组织人类非物质文化遗产代表作名录。安溪铁观音深厚的文化底蕴和独特的品质为产业发展提供了坚实的基础，随着消费者需求的不断变化和升级，安溪铁观音产业也在不断调整和优化。

二、雪梨片玫瑰花的制作

将雪梨切片围成玫瑰花形状，是一个既美观又有趣的过程，适合用于装饰甜品、饮品或作为餐桌上的点缀。

（一）准备材料

雪梨：1 个，选择新鲜、外皮光滑、无瑕疵的雪梨。

刀具：一把锋利的水果刀，用于切片。

其他装饰材料（可选）：如薄荷叶、蓝莓酱、白巧克力珍珠等，用于进一步装饰。

（二）制作步骤

切片处理：首先将雪梨由上至下一分为二，去除果核。以雪梨的横切面的半圆形作为基础，切成适当的薄片，备用。将半圆形的梨片轻轻捻开，一片压住一片，下一片的位置比上一片向侧面移动 5 毫米，摆成长条形。切片时力度要适中，避免梨片损坏、断裂。

围成玫瑰花形状：将半圆形的梨条从一端开始慢慢卷起。卷的时候，可以稍微调整梨片的形状，使其呈现出花瓣的层次感。卷到另一端时，用一点力将尾部捏住，形成一朵完整的玫瑰花形状，放入出品杯。如果梨片条较长，可以卷出多层花瓣的效果。如果需要制作多朵玫瑰花，可以重复上述步骤。

（三）装饰与摆放

将制作好的梨片玫瑰花摆放在盘子或其他容器中。可以根据个人喜好和场合需要，添加一些其他装饰材料，如薄荷叶、蓝莓酱、白巧克力珍珠等，以增加美观度和风味。

训练与拓展

1. 知识巩固

• 填空题

（1）安溪铁观音地理标志产品保护范围为福建省 ________ 管辖的行政区域内。

（2）铁观音的类型有 ________ 型和 ________ 型。

• 选择题

（1）以下哪一项关于雪梨铁观音调饮茶的描述是正确的？（　　）

A. 它是一种传统的中国茶，历史悠久

B. 它结合了水果与茶叶的优点，是一种创新的调饮茶

C. 它只适合在冬季饮用，具有驱寒保暖的作用

D. 它含有大量脂肪，不适合减肥人士饮用

（2）以下哪一项不是雪梨铁观音调饮茶可能具有的特点？（　　）

A. 清香甘甜，口感丰富

B. 雪梨的果香与铁观音的茶香完美融合

C. 含有大量咖啡因，适合睡前饮用

D. 具有清热润肺、提神醒脑的功效

• 判断题

（1）铁观音以绿叶红镶边、汤色金黄、香气馥郁持久、滋味醇厚甘鲜而闻名。（　　）

（2）雪梨铁观音调饮茶是将雪梨与铁观音茶叶直接混合冲泡而成的。（　　）

2. 技能精进

每小组一颗梨进行杯饰分组练习，同学之间相互启发、协商、指导，完成梨子杯饰的制作，原料使用合理，不浪费，质量美观实用，安全卫生，组内做好互评。

3. 领域拓展

在饮品中加入其他配料，可以丰富饮品的口感、层次感及色彩变化，从而使饮品更加美味和吸引人。请在本课制作的雪梨铁观音的基础之上，为其搭配一款有香气的配料，使整个作品达到口感、香气的平衡和谐。（香气配料：菊花、玫瑰花、金银花、茉莉花、香水柠檬、丁香、薄荷叶）

学习评价

内容		评价								
评价项目	评价要素	自评			互评			教师评		
		优秀	较好	待改进	优秀	较好	待改进	优秀	较好	待改进
专业知识	铁观音的地理标志产品保护范围									
	铁观音的定义与类型									
	雪梨铁观音调饮流程									
专业能力	铁观音的冲泡									
	雪梨铁观音的调制									
	雪梨玫瑰花的制作									
通用能力	协作能力									
	创新能力									
	语言表达能力									
	审美能力									
情感态度	执着专注									
	精益求精									
	一丝不苟									
	追求卓越									
备注	优秀（5分）；较好（3～4分）；待改进（0～2分）									

参考答案

任务三　鸭屎香手打柠檬茶

手打柠檬茶凭借其独特的制作手法及清新爽口的特性，赢得了广大消费者的青睐，而鸭屎香这一新晋网红茶叶品种，与手打柠檬的巧妙融合，更是打造出了一款深受市场追捧的茶饮新品。

任务描述

一家现代与复古气息融合的茶饮店内，午后阳光透过窗户洒在木质的吧台上，店内播放着轻柔的爵士乐，顾客们悠闲地享受着午后的温暖时光。佳茗站在吧台后，正准备为顾客制作店内招牌茶饮“鸭屎香手打柠檬茶”。一位首次尝试“鸭屎香”这一独特风味茶饮的年轻人问道：“鸭屎香的名字是如何来的呀，感觉很有趣呢？”佳茗微笑着，眼神中透露出热情与专业，她一边制作一边耐心地向顾客解释着……

任务分析

调饮师在制作鸭屎香手打柠檬茶时，不仅需要熟练掌握其制作过程和制作方法，还需深入了解鸭屎香茶叶的文化背景以及手打柠檬茶的独特魅力。

一、了解茶叶

了解茶叶是正确冲泡茶叶，发挥其良好特性和风味的基础；了解茶叶也是为顾客提供全面而准确的信息，解答顾客疑问的关键所在。这样的专业素养不仅能提升顾客的消费体验，还能增强顾客对店铺的信任度和忠诚度。调饮师需对鸭屎香茶叶有深入的了解，包括其产地、品质特征、“鸭屎香”来历等。

二、主要制作过程

泡茶：用适宜的水温和时间冲泡鸭屎香茶叶，能充分释放其香气和滋味。注意控制泡茶时间，避免茶叶过苦或过淡。

手打柠檬：将柠檬洗净后切片，放入雪克杯，使用柠檬锤或捣棒用力而均匀地捶打柠檬片，直至其汁液充分释放。这个过程需要调饮师掌握适当的力度和节奏，以确保柠檬的酸爽与清新能够完美融入茶汤。

混合调味：根据个人口味加入适量的糖或蜂蜜进行调味。将调制好的鸭屎香茶汤倒入出品杯。

任务实践

一、原料、辅料（以 500mL 的出品杯为例）

材料名称	数 量	鸭屎香手打柠檬
鸭屎香乌龙茶	10g	
水	300mL	
冷却冰块	100g	
香水柠檬	60g	
糖浆	30mL	
出品冰块	60g	

二、制作器具

泡茶壶、茶荷、茶匙、茶巾、公道杯、搅拌勺、量杯、雪克杯、冰夹、出品杯、杯垫等。

三、制作过程

鸭屎香手打柠檬茶制作

鸭屎香手打柠檬茶制作过程	
（1）将 10g 鸭屎香乌龙茶加入 300mL、95℃左右的热水中，浸泡 7 分钟，中途搅拌一次。过滤后用 100g 冰冷却备用。	

续表

鸭屎香手打柠檬茶制作过程	
（2）将柠檬片放入雪克杯中，加入少量冰块，隔着冰捶打。	  
（3）加入糖浆和适量冰块。	 
（4）加入鸭屎香茶汤，将所有物料放入雪克杯并摇匀。	 
（5）出品杯中加入 60g 冰块，贴杯壁放入柠檬片。	 

续表

鸭屎香手打柠檬茶制作过程	
（6）将调制好的茶汤注入出品杯中并进行装饰。	 
备注：调制过程符合《GB 12695—2016 食品安全国家标准 饮料生产卫生规范》	

四、试饮体会

试饮测试口感，细心品尝，认真观察，相互交流，填写评价表，总结归纳饮品的优缺点。

茶饮品评价表				
饮品名称：				
项　目	评　价			
	优秀	良好	一般	不足
颜色搭配合理				
装饰造型美观				
香气自然，令人愉悦				
口感丰富，有层次感				
顺滑不涩口				
甜度适口，不腻人				
风味平衡				
回味悠长				
优点：				
不足：				
对你的启发：				
配方改良建议：				

五、茶饮推介

（一）茶签制作

茶签的设计灵感源于鸭屎香手打柠檬茶独特的茶性与风味。以干茶乌润中泛出的青绿、茶汤晶莹的橙黄以及香水柠檬的清新绿意作为主色调，茶签中间一个栩栩如生、充满活力的柠檬图案跃然其上。在柠檬上融入手打柠檬汤汁四溅的生动场景，既体现了制作工艺的匠心独运，又预示着品饮时那四溢的果香与茶香交织的美妙体验。茶签的一角，以精练的文字简短描述其名称及独特口味。

（二）推介词撰写

鸭屎香手打柠檬茶是一款结合了茶叶的独特香气与新鲜柠檬鲜美的创意饮品。在推介时应突出茶饮的浓郁香气和口感的鲜爽甘醇。采用手打柠檬的制作方式，将柠檬的香气和果汁充分释放，与茶汤完美融合。

鸭屎香手打柠檬推介词

这款匠心独运的茶饮巧妙融合了顶级鸭屎香茶的馥郁芬芳与鲜榨柠檬的清新活力，每一口都是自然与匠心的完美碰撞。手打柠檬不仅保留了柠檬最纯粹的香气与鲜美的果汁，更通过手工力量，将其精华层层释放，每一滴都蕴含着层次分明的风味体验。茶香悠长，柠香四溢，每一口都让你陶醉其中，流连忘返。

相关知识

一、凤凰单丛茶叶介绍

（一）地理保护范围与产地环境

广东省潮州市地方标准《DB 4451/T1—2021 地理标志产品 凤凰单丛茶》规定：凤凰单丛的地理标志产品保护范围为东经 116°22′ ～ 117°11′，北纬 23°26′ ～ 24°14′，包括潮州市现辖行政区域内的潮安区凤凰镇、铁铺镇、万峰林场，饶平县浮滨镇、樟溪镇、浮山镇，湘桥区的意溪镇，枫溪区的云步草岚武、槐山岗茶区等 30 个镇和茶区。这里濒临东海，气候温暖，雨水充足，终年云雾弥漫，空气湿润，昼夜温差大，年均气温在 20℃左右，年降水量约 1800mm。凤凰山区的土壤肥沃深厚，含有丰富的有机物质和多种微量元素，这些条件有利于茶树的发育与形成茶多酚和芳香物质。凤凰单丛因其独特的生长环境和制作工艺，茶汤具有天然花香蜜韵，素有“茶中香水”的美誉。

（二）凤凰单丛定义

广东省潮州市地方标准《DB 4451/T1—2021 地理标志产品 凤凰单丛茶》规定：凤凰单丛是指在本文件规定的地理标志产品保护范围内的自然生态环境条件下，选用凤凰水仙分离、育成的品系、品种，按照传统加工工艺制作而成，具有自然花（果）香及丛韵、蜜韵的乌龙茶。

（三）品质特征

凤凰单丛是一种半发酵型乌龙茶，属于广东乌龙茶的代表。它以工艺复杂、香气高扬、自然花香、回甘醇厚和耐冲泡而闻名，条索紧结壮实，褐润有光，天然花香清高持久，汤色金黄或橙黄清澈明亮，滋味浓醇鲜爽，回甘明显，叶底软柔鲜亮。

（四）凤凰单丛类型

凤凰单丛被誉为“茶中香水”，是中国茶树品种中自然花香最清高、花香类型最多样、滋味醇厚甘爽、韵味特殊的珍稀高香型名茶品种资源。凤凰单丛的十大花蜜香型各有特色，分别为黄栀香、芝兰香、桂花香、玉兰香、蜜兰香、姜花香、夜来香、茉莉香、杏仁香、肉桂香。

（五）鸭屎香单丛

鸭屎香单丛属于凤凰单丛的名种之一，因其独特的香气和口感成为许多饮品店制作茶饮的优选基底茶。鸭屎香单丛的名字听起来颇为奇特，但实际上它并没有鸭屎的臭味。其名字源于原产地的一种特殊土壤——鸭屎土。这种土壤富含有机物质，能够为茶树提供充足的营养，使得茶叶品质优良。相传，当地茶农在首次冲泡这种茶叶时，香气浓郁，韵味十足，引来了众多询问。茶农为了保护自己的茶树不被偷窃，便随口将这种茶叶称为“鸭屎香”，因此得名。鸭屎香茶叶香气馥郁高扬，醇和甜润，余韵悠长。鸭屎香单丛茶以其独特的香气、口感和广泛的适用性，在乌龙茶市场中占据了一席之地。无论是作为日常饮品还是茶饮店的基底茶，它都是备受喜爱的选择。

二、凤凰单丛的冲泡

（一）清饮

冲泡凤凰单丛可选用盖碗、茶壶等器具，投茶量一般为 6 ~ 8g，泡茶水温控制在 95 ~ 100℃，冲泡时采用高冲的方式让茶叶在热水的激荡下充分浸润，出汤则采用低斟的方式减少茶汤和茶香外溢，冲泡凤凰单丛尽量不要闷泡，水快进汤快出，以免茶叶中的苦涩物质过度析出影响口感。

（二）调饮

鸭屎香单丛茶常被用来搭配牛奶、果汁、糖浆等食材，制作出各种口感丰富、馥郁芬芳的茶饮。在众多茶饮店中，各种以鸭屎香为茶底的调饮茶都是人气单品，鸭屎香成为茶饮界新“网红”。

三、传统柠檬茶与手打柠檬茶

传统柠檬茶与手打柠檬茶有显著的区别，传统柠檬茶一般用黄皮柠檬切片或挤汁后与茶底混合，加入适量的糖、蜂蜜或其他调味品，不需要特殊的工具，制作过程相对简单。

手打柠檬茶制作相对复杂和精细，常采用青皮柠檬，将香水柠檬切片放入雪克杯中，加入冰块，用捣棒对柠檬进行隔冰捶打，以充分释放柠檬皮中的芳香物质和汁液。需要注意的是，捶打时力度要适中且均匀，避免捶打过度导致苦涩味增加。随着捶打的进行，柠檬会逐渐松软并释放出汁液，如果发现柠檬皮已经破裂，柠檬果肉颗粒四散，应及时停止捶打并调整力度。

训练与拓展

1. 知识巩固

• 填空题

（1）“鸭屎香”是凤凰单丛的一种，其产于 ________ 省 ________ 市，因其特殊的香气和口感而备受喜爱，常被用于制作手打柠檬茶。

（2）鸭屎香茶叶属于 ________ 茶类的一种。

• 选择题

（1）鸭屎香手打柠檬茶中的“手打”一词，主要强调的是哪种制作过程？（　　）

A. 手工切片柠檬　　B. 手工冲泡茶叶

C. 手工搅拌饮品　　D. 通过手工捶打柠檬释放香气

（2）鸭屎香手打柠檬茶中，柠檬的作用是什么？（　　）

A. 增加甜味　　B. 增加酸度　　C. 增加苦味　　D. 增加颜色

• 判断题

（1）鸭屎香手打柠檬的名字来源于其茶叶的种植土壤呈鸭屎状。（　　）

（2）鸭屎香手打柠檬中必须加入大量的糖来中和柠檬的酸味。（　　）

2. 技能精进

准备一个香水柠檬和一款茉莉花茶，从柠檬清洗、切片到完成手打柠檬，进行完整的手打柠檬强化训练，并以茉莉花茶为基底茶，配方自拟，完成茉香手打柠檬茶的制作。

3. 领域拓展

• 果香手打柠檬茶制作

任选一款乌龙茶为基底茶，搭配一款水果（凤梨、杧果、草莓等），设计配方，并采用手打柠檬的方式进行茶调饮的制作。为茶饮命名，并为这款茶饮设计茶签卡片。

学习评价

内容		评价								
评价项目	评价要素	自评			互评			教师评		
		优秀	较好	待改进	优秀	较好	待改进	优秀	较好	待改进
专业知识	凤凰单丛地理标志产品保护范围									
	凤凰单丛的定义									
	凤凰单丛的类型									
	鸭屎香手打柠檬茶调饮流程									

续表

内容		评价								
评价项目	评价要素	自评			互评			教师评		
		优秀	较好	待改进	优秀	较好	待改进	优秀	较好	待改进
专业能力	凤凰单丛的冲泡									
	鸭屎香手打柠檬的调制									
	调饮技法——手打柠檬									
通用能力	协作能力									
	创新能力									
	语言表达能力									
	审美能力									
情感态度	执着专注									
	精益求精									
	一丝不苟									
	追求卓越									
备注	优秀（5分）；较好（3～4分）；待改进（0～2分）									

参考答案

项目六

漂洋过海茶味真
全球爱饮万千人
—— 红茶调饮

思维导图

项目六　漂洋过海茶味真　全球爱饮万千人——红茶调饮

- 任务一　正山烟熏奶茶
- 任务二　凤梨冰柠茶
- 任务三　阿萨姆杧果奶昔

学习目标

· 掌握以红茶为基底茶的奶茶调饮制作。
· 掌握以红茶为基底茶的果茶制作。
· 掌握以红茶为基底茶的奶昔制作。
· 了解红茶相关基础知识。
· 培养工匠精神，精进专业技能，提升审美意识，全面提升综合职业素养。

从清新的果香到浓郁的焦糖香，再到微妙的木质香，红茶的香气层次丰富多样，令人陶醉。红茶在全球范围内赢得了众多茶客的深深喜爱，其独特的韵味仿佛能穿越时空，连接起不同地域与文化的人们，共同品味这份来自东方的温暖与雅致。

任务一 正山烟熏奶茶

正山小种，中国最古老的红茶，历经数百年的传承与沉淀，不仅在国内深受茶客喜爱，更远渡重洋，成了世界茶文化的瑰宝。其独特的松烟香与桂圆汤味，令人回味无穷。

任务描述

原叶悠享饮品店巧妙地将传统文化的深邃韵味与时尚品位融为一体，店内古朴的木质装潢与现代设计元素相得益彰，阳光透过窗户，斑驳地洒在木质桌面上，增添了几分温馨与雅致。此时，佳茗正专心致志地忙碌着，精心调制着各种特色饮品。一位对中国茶文化充满好奇的外国友人走近吧台，被正山烟熏奶茶的海报吸引，看了看饮品菜单，她果断点了一杯，想要好好体验一下这份融合之美。

任务分析

正山烟熏奶茶的融合之美体现在中国传统名茶正山小种的独特韵味与现代奶茶时尚口感的碰撞，其浓郁的松烟香气与奶茶的香甜交织在一起，令人沉醉其中。

一、了解茶叶

正山小种是中国红茶的鼻祖，是在特殊的地理环境和气候条件下孕育出的一款独具特色的红茶。调饮师在制作以正山小种为基底的饮品前，深入了解其由来、品质特征等相关知识是至关重要的。

二、主要制作过程

泡茶：使用适宜的水温和时间冲泡正山小种茶叶，以充分释放其香气和味道。注意控制泡茶时间，避免茶叶过萃或不足。

混合调味：往出品杯中加入鲜牛奶、果糖、咖奶进行搅拌，再加入正山小种茶汤，以获得奶茶混合液。

制作奶盖：往奶缸中加入淡奶油、牛奶和白砂糖，用打发器打出奶盖，直至形成细腻顺滑的奶盖。将这层奶盖轻盈地覆盖在正山烟熏奶茶之上，不仅增添了视觉上的层次感，更在口感上带来了极大的提升，使得整杯奶茶的口感更加丰富多元。

任务实践

一、原料、辅料（以 400mL 的出品杯为例）

材料名称	数 量	正山烟熏奶茶
正山小种	8g	
鲜牛奶	80mL	
热水（90℃）	180mL	
冷却用冰块	60g	
咖奶	20mL	
果糖	15mL	
玫瑰海盐	2g	
奶盖制作		
鲜牛奶	20mL	
淡奶油	50mL	
白砂糖	5g	

二、制作器具

萃茶壶、茶则、随手泡、长柄勺、量杯、出品杯、奶缸、打发器等。

三、制作过程

正山烟熏奶茶制作

正山烟熏奶茶制作过程	
（1）将8g的正山小种用90℃的水冲泡8分钟，出汤180mL，用60g冰块进行冷却。	  
（2）先把80mL鲜牛奶倒入出品杯，再加入15mL果糖、20mL咖奶进行搅拌。	   

续表

正山烟熏奶茶制作过程	
(3)倒入 180mL 正山小种茶汤。	
(4)奶缸中加入淡奶油 50mL、鲜牛奶 20mL、白砂糖 5g，用打发器先低速打发再中高速打发至体积膨胀，奶盖变得稠密且与茶混合时能够浮在表面(可参考项目四任务一浮云茉莉中的奶盖制作)。	  
(5)往出品杯调好的茶汤上倒入奶盖，撒玫瑰海盐装饰。	 
备注：调制过程符合《GB 12695—2016 食品安全国家标准 饮料生产卫生规范》	

四、试饮体会

试饮测试口感，细心品尝，认真观察，相互交流，填写评价表，总结归纳饮品的优缺点。

茶饮品评价表				
饮品名称：				
项　目	评　价			
	优秀	良好	一般	不足
颜色搭配合理				
装饰造型美观				
香气自然，令人愉悦				
口感丰富，有层次感				
顺滑不涩口				
甜度适口，不腻人				
风味平衡				
回味悠长				
优点：				
不足：				
对你的启发：				
配方改良建议：				

五、茶品推介

（一）茶签制作

正山小种源自武夷山桐木保护区，其独特的烟熏风味和桂圆般的醇厚口感，让人仿佛置身于广袤的原始森林中。因此，设计饮品时应注重将自然元素与武夷山的文化底蕴相结合，展现出正山小种的野韵与神秘。例如，加入武夷山的山峰、云雾、森林等元素来展现正山小种的生长环境；可以设计一些烟熏的图案或纹理，如袅袅上升的烟雾、烧焦的木材等来突出正山小种的烟熏特

茶签正面

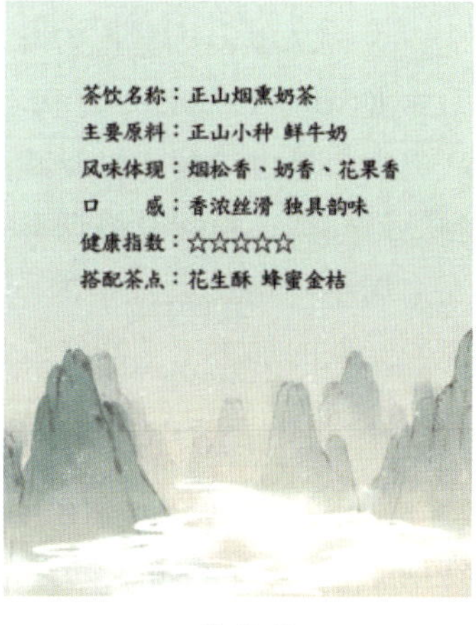

茶签背面

色。加入鲜奶后，正山烟熏奶茶的口感更加丝滑，茶香与奶香相互渗透，形成独特的回味。设计时应注重表现这种丝滑感与融合度，让消费者在视觉上也能感受到奶茶的美味。

茶签设计参考如上图。

（二）推介词撰写

正山烟熏奶茶推介词

正山小种，源自武夷深山的瑰宝，历经松柴明火的温柔拥抱，每一叶都蕴含着浓郁的松烟香，那是大自然最质朴的馈赠，也是时间沉淀的精华。而当这份独特的茶香遇上丝滑细腻的鲜奶，两者相互交织，演绎出令人难以抗拒的烟熏奶茶风情。

相关知识

一、正山小种红茶的发展与传播

（一）正山小种红茶的由来

正山小种是最早出现的红茶。相传在明末时值采茶季节，北方军队路过桐木时驻扎在茶厂，睡在茶青上，而武夷山的茶农们因畏惧跑到深山中躲避。待军队离开后，之前采的茶鲜叶因在库房中没有来得及摊晾，茶青发红，茶农们心急如焚，把茶叶搓揉后，用当地的马尾松柴烘干，烘干后的茶叶乌黑油润，并带有一股松脂香味。因当地一直饮用绿茶，对这类茶并无兴趣，因此便把这些茶挑到星村茶市贱卖，没想到第二年便有人出 2 ～ 3 倍的价钱订购该茶，从此红茶开始兴起。

（二）正山小种与烟小种

《GB/T 13738.3—2012 红茶 第 3 部分：小种红茶》中规定：正山小种是指产于武夷山市星村镇桐木村及武夷山自然保护区域内的茶树鲜叶，用当地传统工艺制作，独具似桂圆干香味及松烟香的红茶产品。

烟小种是武夷红茶的一种，它是指产于武夷山自然保护区域外的茶树鲜叶，以工夫红茶的加工工艺制作，最后经松烟熏制而成，具松烟香味的红茶产品。

（三）正山小种的传播

正山小种创立之初在国内鲜为人知，《清代通史》记载了武夷山正山小种红茶在明崇祯十三年（1640）由荷兰人传入英国。1662 年，葡萄牙公主凯瑟琳嫁给英皇查理二世时，带去几箱中国“正山小种”红茶作为嫁妆，使正山小种红茶在英国皇室中流行开来。正山小种红茶作为当时的珍品，后逐渐演化成“下午茶”。英国人赋予红茶优雅的形象及华贵的品饮方式，形成了内涵丰富的红茶文化。正山小种红茶不仅在英国流行，还通过万里茶路被运往俄罗斯的莫斯科、彼得堡等地，成为欧洲大陆的一种流行风尚。

二、正山小种的品质特征

正山小种的“正山”指的是真正的“高山地区所产”，主要产于武夷山星村镇桐木关及武夷山自然保护区内，海拔在 700 ~ 1200m。区内森林密布，云雾缭绕，温度适宜，降雨量充沛，土壤有机物质丰富，此地因其丰富的生物多样性和良好的生态环境，被誉为“鸟的天堂”“蛇的王国”“昆虫的世界”“开启物种生物基因库钥匙”。这样的生态环境，不仅为茶树提供了充足的养分和清新的空气，还使得正山小种红茶具有独特的山野气息和自然韵味。正山小种条索紧实，色泽乌润，汤色橙红明亮，香气高长带松烟香，滋味醇厚，有桂圆汤味。

三、奶盖的由来与发展

随着奶茶行业的快速发展，同质化问题逐渐显现。为了做出差异化，满足消费者需求，台湾商家开始寻找新的突破口，于是奶盖茶应运而生。随后这股热潮逐渐从台湾蔓延至其他地区。以喜茶为代表的茶饮品牌，将芝士奶盖引入并发扬光大，使其成为新茶饮中备受欢迎的饮品之一。奶盖通常由鲜奶、淡奶油和奶盖粉调制打发而成，有原味、海盐味和芝士味等多种口味。

四、奶盖的种类

奶盖的种类繁多，按口味分类可以分为以下几种：

原味奶盖：最为经典的奶盖口味，以鲜奶、淡奶油为主要原料，口感细腻丝滑，奶香浓郁。

芝士奶盖：在原味奶盖的基础上加入了芝士元素，使得口感更加醇厚，芝士味浓，略带咸味，深受消费者喜爱。

海盐奶盖：添加了海盐的奶盖，带有微妙的咸香味道，与奶茶或果茶搭配，能够提升整体的风味层次感。

榴梿奶盖：以榴梿为主要原料制成的奶盖，具有浓郁的榴梿香味，适合喜欢榴梿的消费者。

抹茶奶盖：在原味奶盖中加入抹茶粉，使得奶盖呈现出清新的绿色，并带有抹茶特有的香气和口感。

除了上述常见的奶盖口味外，还有一些特殊口味的奶盖，如咖啡奶盖、焦糖奶盖等。这些口味的奶盖通常是在原味奶盖的基础上加入相应的调味品或食材制成的，以满足不同消费者的口味需求。

五、芝士奶盖制作

（一）材料准备

原辅料	数量	备注
芝士	50g	选择品质好的芝士
淡奶油	100mL	根据制作量和个人口味调整
牛奶	30mL	用于调节奶盖的浓度和口感
炼乳（可选）	15g	增加甜味和奶香
糖（可选）	5g	根据个人口味调整
海盐	3g	调味，增添层次感

（二）制作步骤

冷藏材料：将淡奶油、芝士等材料提前放入冰箱冷藏至适宜的温度以确保打发效果。

混合芝士和牛奶：将芝士块放入冰沙机或搅拌机中，加入适量的牛奶，搅拌均匀至芝士完全融化并呈现顺滑状态。

打发淡奶油和炼乳：在另一个容器中，将淡奶油和炼乳混合均匀。然后，将容器放入冰水中，以防止打发过程中温度升高。使用打蛋器或电动搅拌器，以低速开始打发，逐渐转至中速或高速，直至淡奶油和炼乳混合物变得浓稠并呈现直线流下的状态。

合并材料：将打发好的芝士混合物过滤掉颗粒（如需要），然后倒入打发好的淡奶油和炼乳混合物中。加入适量的玫瑰盐或海盐，继续打发至混合物呈现堆叠状态或直线螺旋状态，即奶盖变得浓稠且不易流动。

（三）注意事项

打发技巧：打发过程中要注意观察奶盖的状态，避免打发过度导致奶盖变得过于稀薄或分离。

温度控制：制作过程中要始终保持材料的低温状态，以防止奶盖融化或变质。

口味调整：根据个人口味喜好，可以适量调整芝士、牛奶、炼乳和盐的用量，以获得最佳的口感和风味。

训练与拓展

1. 知识巩固

• 填空题

（1）正山小种是指产于 ________ 内的茶树鲜叶，用当地传统工艺制作，独具似桂圆干香味及松烟香的红茶产品。

（2）烟小种指产于 ________ 的茶树鲜叶，以工夫红茶的加工工艺制作，最后经松烟熏制而成，具有松烟香味的红茶产品。

• 选择题

（1）以下关于正山小种红茶的描述，哪一项是正确的？（　　）

A. 条索松散，色泽暗淡

B. 汤色浅绿，香气低沉

C. 条索紧实，色泽乌润，汤色橙红明亮，香气高长带松烟香，滋味醇厚，有桂圆汤味

D. 滋味酸涩，无香气

（2）奶盖正山小种奶茶中，奶盖的主要作用是（　　）。

A. 增加甜度

B. 提升口感丰富度

C. 使奶茶颜色更鲜艳

D. 增加营养价值

• 判断题

（1）奶盖正山小种奶茶的口感完全取决于正山小种红茶的品质，与奶盖无关。（　　）

（2）芝士奶盖是在原味奶盖的基础上加入了芝士元素，使得口感更加醇厚，芝士味浓，略带咸味。（　　）

2. 技能精进

准备所需材料，参照相关知识自主完成芝士奶盖制作。

3. 领域拓展

• 水果奶盖茶制作

以红茶为基底，结合前面课程所学水果茶的制作方法，选择一种应季新鲜水果，制作一款水果奶盖茶，为其命名，并将它介绍给你的家人和朋友。

学习评价

内容		评价								
评价项目	评价要素	自评			互评			教师评		
		优秀	较好	待改进	优秀	较好	待改进	优秀	较好	待改进
专业知识	正山小种的由来									
	正山小种的品质特征									
	正山烟熏奶茶调饮流程									
专业能力	正山烟熏奶茶的制作									
	调饮技法——制作奶盖									
通用能力	协作能力									
	创新能力									
	语言表达能力									
	审美能力									
情感态度	执着专注									
	精益求精									
	一丝不苟									
	追求卓越									
备注	优秀（5分）；较好（3～4分）；待改进（0～2分）									

参考答案

任务二　凤梨冰柠茶

祁门红茶，是中国十大名茶之一，世界三大高香红茶之首，其美名远播，享誉全球。作为中国传统工夫红茶中的一颗璀璨明珠，祁门红茶以其精湛的制作工艺、醇厚的口感以及独特的“祁门香”，赢得了“茶中英豪”“群芳之最”“王子茶”等一系列美誉。

任务描述

在原叶悠享饮品店举办的研学活动中，学生们得知祁门红茶曾在巴拿马国际博览会上荣获金奖，对茶叶产生了浓厚兴趣。鉴于此，饮品店工作人员决定以祁门红茶为基底，搭配凤梨这一新鲜水果，创意调制一款特色茶饮。

任务分析

凤梨冰柠茶是结合了祁门红茶的醇厚、凤梨的清新以及柠檬的酸爽口感的创意茶饮，其制作过程可以从以下几个方面进行。

一、材料选择

红茶：选择优质的祁门红茶作为基底，不仅能够赋予饮品独特的香气与醇厚的口感，还能通过与其他食材的搭配，创造出丰富多变的层次感，提升饮品的整体风味。

凤梨：浓郁的果香与自然的甜美为饮品增添一抹清新而诱人的风味。

柠檬：柠檬的酸爽口感能够中和红茶的醇厚，使饮品更加清新爽口。柠檬不仅能提升饮品的口感和风味，还具有多种营养与健康益处。

果糖：根据个人口味添加适量的果糖糖浆，以调节饮品的甜度。

冰块：适量添加冰块，以降低饮品的温度，使其更加清凉解渴。

二、制作过程

红茶冲泡：使用热水冲泡红茶，浸泡时间根据茶叶种类和个人口味调整，然后取出茶包或滤掉茶叶，留下红茶水备用。

凤梨处理：将新鲜凤梨去皮切块或切丁，取一部分凤梨和柠檬片放入雪克杯中，用捣棒轻轻捣碾，直至凤梨和柠檬释放出果汁。

混合调制：加入适量的糖浆、少许冰块和泡好的茶汤，充分摇匀，使红茶、凤梨和柠檬的味道充分融合。

装饰与出品：出品杯中加入冰块，贴杯壁加入柠檬片和小青柠装饰，倒入调制好的混合饮品，用柠檬片进行装饰。

任务实践

一、原料及配方（以 350mL 的出品杯为例）

材料名称	数 量	凤梨冰柠茶
祁门红茶	8g	
热水（90℃）	180mL	
香水柠檬	6 片	
小青柠	2 个	
凤梨	20g	
冷却冰块	60g	
果糖	15mL	
出品冰块	50g	

二、制作器具

萃茶壶、雪克壶、长柄勺、量杯、捣棒、茶荷、冰桶、冰夹、电子秤、出品杯等。

三、制作过程

凤梨冰柠茶制作

凤梨冰柠茶制作过程	
（1）将 8g 的祁门红茶用 90℃的水冲泡，8 分钟后滤出。同时加入 60g 冰进行冷却。	 
（2）雪克壶中加入凤梨 20g、柠檬 4 片、小青柠 1 个（切成 2 半），用捣棒轻压出汁，再加入果糖 15mL。	     
（3）加入适量的冰块，倒入茶汤 180mL 摇匀。	

续表

凤梨冰柠茶制作过程	
(4)出品杯中加入 50g 冰块、柠檬片和小青柠，将摇匀的汁液倒入出品杯中，用柠檬片进行装饰。	  
备注：调制过程符合《GB 12695—2016 食品安全国家标准 饮料生产卫生规范》	

四、试饮体会

试饮测试口感，细心品尝，认真观察，相互交流，填写评价表，总结归纳饮品的优缺点。

茶饮品评价表				
饮品名称：				
项 目	评 价			
	优秀	良好	一般	不足
颜色搭配合理				
装饰造型美观				
香气自然，令人愉悦				
口感丰富，有层次感				
顺滑不涩口				
甜度适口，不腻人				
风味平衡				
回味悠长				
优点：				

续表

茶饮品评价表				
饮品名称：				
项 目	评 价			
	优秀	良好	一般	不足
不足：				
对你的启发：				
配方改良建议：				

五、茶饮推介

（一）茶签制作

融入中国传统元素，如水墨画、书法等，以体现祁门红茶的悠久历史和深厚文化。加入一些与产品相关的装饰元素，如茶叶、凤梨、柠檬等图案，以及中国传统纹样，如祥云、水波纹等，提升卡片的美观度。用简洁、生动的语言描述产品的口感、特点，如“醇厚红茶遇上清新凤梨，冰爽柠檬增添活力”。选择环保、耐用的纸质材料，如哑光纸、艺术纸等，使卡片更具质感。

（二）推介词撰写

祁门红茶的醇厚与凤梨的香甜、柠檬的清新相结合，创造出独特的风味体验。祁门红茶的“祁门香”与果香相互融合，使得茶饮香气馥郁，层次分明。茶饮口感酸甜适中，既有祁门红茶的醇厚回甘，又有凤梨的甜润和柠檬的酸爽，整体口感丰富饱满，令人回味无穷。

凤梨冰柠茶推介词

这款匠心独运的茶饮，巧妙融合了祁门红茶似花、似果、似蜜的优雅香气与鲜榨柠檬的清新活力，每一口都是自然与匠心的完美碰撞。祁门红茶为茶底做的凤梨冰柠茶以其独特的风味、丰富的口感、冰爽解渴的特点以及视觉上的美感，成为受欢迎的饮品之一。

相关知识

一、祁门红茶的由来

早在1915年，祁门红茶便在巴拿马万国博览会上荣获了金奖，这一殊荣为其赢得了国际声誉。追溯其历史，光绪元年（1875 年），黟县人余干臣从福建罢官后回籍经商。他见福建红茶在市场上畅销多利，在至德县（现今的安徽省池州市东至县）尧渡街创立了红茶庄，仿效“闽红”的制法，开始试制红茶。次年，他来到祁门西路的历口与闪里设立茶庄，劝茶户由绿茶改制红茶，进一步扩大红茶生产。与此同时，在祁门南路一带的贵溪也有人试制红茶获得成功，这就是“祁红”的开端。

二、祁门红茶的品质特点

祁红，是祁门工夫红茶的简称，它以优异的品质和独特风格蜚声海内外，被誉为“王子茶”“群芳最”。祁红条索紧秀，锋苗好，色泽乌黑泛辉光，俗称“宝光”。内质香气浓郁高长，似果香，似蜜香，又蕴含兰花香，被称为“祁门香”。它与印度大吉岭红茶、斯里兰卡乌瓦红茶并列为世界三大高香红茶。

三、祁门红茶分类

祁门红茶按照传统和创新工艺可以分为祁红工夫、祁红香螺、祁红金针、祁红毛峰四大品类。其中祁红工夫可谓是工夫红茶的典范，使用的也是最为传统的制作工艺。传统祁门工夫制作过程精细繁复，颇费时力。尤其是精制工艺极其复杂。祁红香螺、祁红金针、祁红毛峰都是创新改良制作而出的。传统祁红工夫的香气更加浓郁丰富，复杂而优雅，滋味更加醇和。而创新工艺的祁红采摘原料更加讲究，发酵后通过揉捻造型或者理条来达到外形的美观，精制过程则相对简单，发酵度略低于传统的祁红工夫。因此，香气上甜花果香突出，滋味更甜润。

四、雪克杯摇和法——二段式

二段式摇法是一种常见的雪克杯摇动方法。

操作方法：将雪克杯置于身前，右手食指按住顶盖，其余手指压住滤冰器，左手托住壶底，注意手掌不可贴住壶身，以防冰块融化。

第一阶段摇动：先向斜上方推出雪克杯，然后收回原位。接着再向斜下方推出，再收回原位。这个过程中，雪克杯在上下方向上进行了运动，有助于液体的初步混合。

第二阶段摇动：在第一阶段的基础上，雪克杯在左右或前后方向上进行小幅度的摇动。这种摇动可以进一步促进液体的混合，并使冰块在杯内更均匀地分布。手臂和手腕协同发力，上下两个点，a 点到 b 点撞击，使雪克杯在空中以抛物线的轨迹进行摇动。

特点：抛物线形摇法能使饮品原料更充分地混合，但相对来说，摇动时手腕和手臂的用力较大，容易感到疲劳。所以使用抛物线形摇法时，应尽量避免将力量过于集中在手腕上，以免造成手腕磨损或拉伤。

二段式摇和法

训练与拓展

1. 知识巩固

• 填空题

（1）祁红外形条索________，________，色泽________。

（2）祁门红茶依照加工工艺分为________、________、________、________四大类。

• 选择题

（1）下列哪一项不是“凤梨冰柠茶”的常见配料？（　　）

A. 冰块　B. 柠檬片　C. 牛奶　D. 凤梨汁

（2）“凤梨冰柠茶”的口感通常描述为（　　）。

A. 苦涩　B. 酸甜可口　C. 浓郁香甜　D. 麻辣刺激

• 判断题

（1）“凤梨冰柠红茶”是一种结合了红茶、凤梨和柠檬的冷饮。（　　）

（2）“凤梨冰柠红茶”的口感通常是酸甜适中，带有红茶的醇厚和果香的清新。（　　）

2. 技能精进

使用雪克杯，通过抛物线形手法进行摇和。

• 训练要求：

（1）材料自拟，双手握住雪克杯，手臂和手腕协同发力。

（2）使雪克杯在空中以抛物线的轨迹进行摇动。注意摇动时握法正确，力度要适中，确保饮品原料充分混合，同时避免雪克杯掉落或溅出饮品。摇动次数和力度可根据饮品的种类和制作要求进行适当调整。

3. 领域拓展

• 异域风情红茶调饮——印度马萨拉红茶（Masala Tea）

红茶作为调饮的基础，不仅可以与多种食材融合，还能通过不同的调饮技巧，展现出丰富多彩的异域风情，请参照以下内容尝试制作一款印度风情红茶。

茶饮名称	印度马萨拉红茶
特点	马萨拉在印度语中意为“香料混合物”，这款红茶融入了印度特色的香料，香气浓郁，口感独特。
材料	沸水、红茶（推荐阿萨姆红茶）、牛奶、糖或蜂蜜、小豆蔻粒、桂皮、老姜、丁香、八角等。
步骤	将红茶和香料一起放入茶壶中，倒入沸水，浸泡 5 ~ 7 分钟。滤去茶渣和香料，保留红茶茶汤。如需加牛奶，可适量加入并搅拌均匀。根据个人口味加入糖或蜂蜜调味。

学习评价

内容		评 价								
评价项目	评价要素	自 评			互 评			教师评		
		优秀	较好	待改进	优秀	较好	待改进	优秀	较好	待改进
专业知识	祁门红茶的由来									
	祁门红茶的品质特征									
	凤梨冰柠茶调饮流程									
专业能力	祁门红茶的冲泡									
	调饮技法——摇和法（二段式）									
	凤梨冰柠茶的制作									
通用能力	协作能力									
	创新能力									
	语言表达能力									
	审美能力									

续表

内容		评价								
评价项目	评价要素	自评			互评			教师评		
		优秀	较好	待改进	优秀	较好	待改进	优秀	较好	待改进
情感态度	执着专注									
	精益求精									
	一丝不苟									
	追求卓越									
备注	优秀（5分）；较好（3～4分）；待改进（0～2分）									

参考答案

任务三　阿萨姆杧果奶昔

阿萨姆红茶，来自印度的世界名茶，其独特的麦芽香与玫瑰香交织，散发出迷人的芬芳。与牛奶的调饮是阿萨姆红茶最为经典的搭配之一，而融入杧果清新的果香后，整杯茶饮的口感层次愈发丰富。在细细品味中，不仅能领略到源自印度的异域风情，还能深刻体会到与中国茶文化相融相生的独特韵味。

任务描述

初秋启幕，暑气犹存，原叶悠享饮品店仿佛是城市中的一个小小绿洲，以其独特的魅力，吸引着每一个渴望清凉与甜蜜的行人。外卖平台订单提示音响起，佳茗迅速查看，发现是一位老顾客点了招牌饮品——阿萨姆杧果奶昔。这位顾客每次点单都会特别备注要少糖多冰，佳茗对这样的细节早已铭记于心。她立刻转身，全身心投入这杯饮品的制作中。

任务分析

杧果与牛奶的结合，在饮品界中堪称经典。杧果，这一热带水果的瑰宝，以其清新果香、鲜甜多汁和丰富的维生素含量，赢得了无数食客的喜爱。牛奶富含优质蛋白质和钙质，牛奶的醇厚口感与杧果的甜美相得益彰，两者在口感和营养上形成了完美的互补。萨姆红茶的特色风味的加入，更能增添一抹独特的香气和深度，使饮品口感层次更加丰富。

一、红茶的冲泡与冷却

茶叶选择：选用优质的阿萨姆红茶，其特有的麦芽香与玫瑰香为奶昔带来独特的口感与风味。

冲泡时间：茶叶浸泡时间不宜过长，一般 3 ~ 5 分钟即可，以免茶水过于苦涩。

冷却处理：冲泡好的红茶需要冷却至室温或稍低温度，以便后续与杧果和牛奶混合时不会破坏整体口感。

二、杧果的选择与处理

成熟度：选择新鲜、成熟的杧果，果肉饱满、香甜多汁，这是奶昔口感和风味的基础。

去皮去核：确保杧果处理干净，无果皮和果核残留，以免影响口感。

果肉处理：将杧果肉切成小块或搅拌成泥，以便更好地与奶昔混合。

三、牛奶的选择与比例

牛奶类型：根据顾客口味和营养需求选择全脂、低脂或脱脂牛奶。

比例调整：牛奶的用量会影响奶昔的稠度和口感，牛奶、红茶和杧果的比例应保持在适当的范围内，以保证奶昔的细腻和顺滑。

四、调味品的添加

糖浆或蜂蜜：根据个人口味添加适量的糖浆或蜂蜜，以增添奶昔的甜味。

其他调味品：如喜欢，可以添加少量香蕉、柠檬汁等调味品，以提升奶昔的风味层次。

五、搅拌与混合

搅拌工具：使用高效的搅拌机或料理机，确保所有材料充分混合均匀。

搅拌时间：搅拌时间不宜过长，以免破坏杧果的纤维和口感。一般搅拌至奶昔呈现细腻、顺滑的状态即可。

六、冰块的添加

冰块用量：根据客人需求与喜好添加适量的冰块，以保持奶昔的冰凉口感。但需注意：冰块过多可能会影响奶昔的稠度和口感。

任务实践

一、原料、辅料（以 450mL 的出品杯为例）

材料名称	数 量	阿萨姆杧果奶昔
阿萨姆红茶	5g	
水	100mL	
柠檬片	2 片	
糖浆	10mL	
杧果	80g	
香蕉	15g	
牛奶	80mL	
冰块	120g	
杧果肉	20g	
装饰叶	少许	

二、制作器具

泡茶壶、公道杯、出品杯、茶荷、茶匙、破壁机、刀、砧板、搅拌棒、杯垫、量杯、电子秤等。

三、制作过程

阿萨姆杧果奶昔制作

阿萨姆杧果奶昔制作过程		
（1）将 5g 的阿萨姆红茶用 90℃ 100mL 的水冲泡 5 分钟，过滤至装有 50g 冰块的量杯中，备用。		

续表

阿萨姆杧果奶昔制作过程	
（2）在步骤（1）中获取的茶汤中加入2片柠檬（去籽）、5mL糖浆，充分搅拌，制作成柠檬红茶备用。	
（3）破壁机内加入杧果80g、香蕉15g、糖浆5mL、牛奶80mL、步骤（2）中的柠檬红茶100mL、冰块20 g混合打碎，充分融合。	
（4）出品杯中加入50g冰块、柠檬红茶100mL。 平铺一片柠檬，倒入打好的奶昔。 最后放入杧果粒和配草，出品。	
备注：调制过程符合《GB 12695—2016食品安全国家标准 饮料生产卫生规范》	

四、试饮体会

试饮测试口感，细心品尝，认真观察，相互交流，填写评价表，总结归纳饮品的优缺点。

茶饮品评价表				
饮品名称：				
项　目	评　价			
	优秀	良好	一般	不足
颜色搭配合理				
装饰造型美观				
香气自然，令人愉悦				
口感丰富，有层次感				
顺滑不涩口				
甜度适口，不腻人				
风味平衡				
回味悠长				
优点：				
不足：				
对你的启发：				
配方改良建议：				

五、茶饮推介

（一）茶签制作

阿萨姆红茶，这一源自印度东北部的茶叶瑰宝，外形细扁，色泽深褐。冲泡后，茶汤呈深红色，清澈透亮，带有淡淡的麦芽香和玫瑰香，香气浓郁而独特。茶签的设计中可融入红色系元素，如橘红、朱红或枫叶红等，以体现茶叶与茶汤的自然之美；杧果奶昔部分则可以用米白色或黄色等柔和色调来表现，与阿萨姆的红色形成和谐搭配。在图案的设计上可以将杧果果实的形态融入茶签设计中，也可以加入一些与牛奶相关的图案，以体现阿萨姆杧果奶昔的特点。

阿萨姆杧果奶昔茶签

（二）推介词撰写

阿萨姆杧果奶昔推介词

源自遥远而神秘的阿萨姆山谷，精心挑选优质红茶，散发着迷人的麦芽香与淡雅的玫瑰芬芳。当这份红茶的醇厚，邂逅杧果的清新甘甜，两者在冰沙的丝滑细腻中完美交融，红茶的深邃与杧果的甜美相互映衬，彼此成就。

相关知识

一、阿萨姆红茶介绍

阿萨姆红茶与中国的祁门红茶、印度大吉岭红茶、斯里兰卡锡兰高地红茶并称为世界四大红茶。阿萨姆红茶以其独特的风味和品质在世界茶叶市场上独树一帜。无论是其产地背景、品质特征还是制作工艺等方面都充分展现了这一茶叶瑰宝的魅力所在。

（一）产地与背景

阿萨姆红茶产于印度东北部。阿萨姆位于东喜马拉雅山南麓，得天独厚的地理位置和气候条件为阿萨姆红茶的生长提供了理想的环境。阿萨姆属于亚热带季风气候，年降水量丰富，气候温暖湿润，土壤肥沃，非常适合茶树的生长。19 世纪中叶，东印度公司为了减少对中国茶叶的依赖，开始在印度种植茶叶，并从中国引进茶种和制茶技术。随着时间的推移，阿萨姆红茶以其独特的香气、醇厚的口感和鲜艳的茶汤颜色，赢得了国内外消费者的广泛赞誉。

（二）品质特征

阿萨姆红茶的外形细扁，色泽深褐。冲泡后，茶汤深红稍褐，带有淡淡的麦芽香和玫瑰香，其滋味醇厚而浓烈，口感饱满且富有层次。阿萨姆红茶非常适合作为调制茶基底茶，无论是与浓郁的牛奶还是清新的柠檬等食材搭配，都能创造出风味各异、令人回味的茶饮佳品。

（三）采摘与制作工艺

阿萨姆红茶选用一芽二、三叶的芽叶作为原料。一般 4 ~ 5 月为第一摘，此时的红茶香气轻盈，产量较少。6 ~ 7 月为第二摘，茶叶品质最优，茶香浓郁，汤色红褐，适合清饮或搭配牛奶饮用。制作工艺上，阿萨姆红茶经过萎凋、揉捻、发酵和干燥等步骤制成。阿萨姆红碎茶，制作中经过 CTC 工艺，即 Crushing（切碎）、Tearing（撕扯）、

Curling（卷曲），让茶叶鲜叶经过萎调、揉捻后，先用机器切碎，再经过发酵烘干，形成细小的颗粒状。这种工艺能让茶叶在冲泡时迅速释放出香气、色泽和风味，非常适合作为奶茶、饮品的茶底原料。

二、奶昔介绍

奶昔（Milkshake）是一种广受欢迎的甜品饮品，既美味可口又营养丰富。适量饮用奶昔有助于补充身体所需的营养和能量，过量饮用可能会增加身体负担。因此，在享受奶昔的美味时，也要注意保持饮食的均衡和健康。

（一）起源与演变

奶昔最早出现在美国，其起源可以追溯到 19 世纪末。在奶昔的早期形态中，它并不完全是我们今天所熟知的无酒精甜品。据历史记载，早期的奶昔中可能含有酒精成分，其性质更接近于一种健康保健饮料，类似于我们今天所知的蛋酒。这种含酒精的奶昔在当时可能被视为一种具有特殊健康效益的饮品，满足了人们对于口感与健康并重的追求。

随着时间的推移，奶昔的配方和口味发生了显著的变化。特别是在 1922 年，一位美国冷饮店的店员在奶昔的制作过程中大胆地加入了冰激凌。这一创新之举不仅为奶昔带来了全新的口感和风味，更重要的是，它逐渐使得奶昔中的酒精成分被完全去除，从而演变成为我们现在所喜爱的饮品。

（二）主要特点

食材组成：奶昔主要由牛奶、冰激凌、水果和冰块等食材混合而成。这些食材通过搅拌机混合均匀，形成绵滑细腻的口感。

口味多样：奶昔的口味丰富多样，可以根据个人的喜好选择不同的配料。常见的口味包括香草、草莓、巧克力等，还有一些创意口味如杧果、抹茶、椰香紫米等。

（三）营养价值

蛋白质与钙质：奶昔中含有牛奶这一重要成分，而牛奶是蛋白质和钙质的重要来源。适量饮用奶昔有助于补充身体所需的蛋白质和钙质。

维生素 C：奶昔中常常加入各种新鲜水果，这些水果富含维生素 C 等物质，有助于提高免疫力、预防疾病。

（四）制作方式

传统制作：传统奶昔是手摇的，一般在快餐店、冷食店出售。店里的奶昔机现做现卖，顾客现买现饮。

现代制作：随着科技的发展，奶昔的制作方式也变得更加便捷和高效。现代奶昔机能够快速地将各种食材混合均匀，制作出美味的奶昔。

三、阿萨姆杧果奶昔的原料搭配

（一）杧果与牛奶的比例

基于口感、风味以及营养均衡的考虑，杧果奶昔中杧果与牛奶的比例为 1 ∶ 1，这样配比使得杧果和牛奶的味道能够相互融合，既突出了果香，又保留了奶香，使得奶昔整体口感更加和谐。同时，这样的配比使得这两种食材的营养成分能够相互补充，为人体提供更加全面的营养支持。

（二）制作杧果奶昔加入香蕉的好处

香蕉的绵软口感与杧果的香甜多汁相结合，可以营造出更加丰富和多层次的口感体验。这种搭配使得奶昔在口中更加顺滑，同时也增加了奶昔的饱满度和满足感。香蕉和杧果的风味相互融合，可以创造出一种独特的香甜气息，这种香甜不仅来自杧果本身，还融入了香蕉的淡淡香气，使得整个奶昔的风味更加独特和诱人。

（三）杧果奶昔中融入红茶的优势

红茶的馥郁香气为杧果的鲜甜果香增添了一抹淡雅的韵味，使得这款奶昔的风味层次更加细腻且丰富多样。从营养角度来看，红茶含茶黄素、黄酮类物质、钾元素、咖啡碱、多种维生素、胡萝卜素以及氨基酸等多种有益成分。这些成分不仅具有抗氧化性能，还能提神醒脑，为人体带来多方面的健康益处。

训练与拓展

1．知识巩固

•填空题

（1）阿萨姆红茶，这一源自印度东北部的茶叶瑰宝，外形________，色泽________。

（2）阿萨姆红茶与中国的________、印度大吉岭红茶、斯里兰卡锡兰高地红茶并称为世界四大红茶。

•选择题

（1）阿萨姆红茶，茶汤深红稍褐，带有淡淡的（　　）和（　　），其滋味醇厚而浓烈，口感饱满且富有层次。

A. 麦芽香 玫瑰香　　B. 兰花香 水果香

C. 桂圆香 地瓜香　　D. 花蜜香 玉米香

（2）下列关于阿萨姆杧果奶昔的描述，哪一项是错误的？（　　）

A. 它结合了红茶的清香与杧果的果香

B. 奶昔的风味单调，缺乏层次感

C. 红茶为其提供了多种营养成分

D. 它可能具有抗氧化和提神的功效

·判断题

（1）阿萨姆杧果奶昔中红茶的加入，使得奶昔的风味更加细腻且层次丰富。（　　）

（2）阿萨姆杧果奶昔只含有红茶和杧果两种成分。（　　）

2. 技能精进

·阿萨姆杧果奶昔配比调整

分组进行练习，研讨调整奶昔主料配比，根据不同人群需求，制作阿萨姆杧果奶昔，例如：小朋友或者老人可尝试常温制作；糖尿病患者可将糖浆换为木糖醇或者不另外加糖；杧果过敏者可尝试去掉杧果，增加香蕉的用量制作奶昔等。原料在使用中要合理，不浪费，美观实用，安全卫生，组内做好讨论与互评。

3. 领域拓展

参照本课制作阿萨姆杧果奶昔的方法，尝试换一种红茶比如正山小种、滇红等作为基底茶，选择不同的水果如牛油果、蓝莓、草莓、猕猴桃、菠萝等制作一款红茶水果奶昔。注意饮品口感的丰富程度、层次感及色彩变化，从而使饮品更加美味和吸引人。

学习评价

内容		评价								
评价项目	评价要素	自评			互评			教师评		
		优秀	较好	待改进	优秀	较好	待改进	优秀	较好	待改进
专业知识	阿萨姆红茶相关知识									
	阿萨姆杧果奶昔原料搭配知识									
	阿萨姆杧果奶昔制作流程									

续表

内容		评价								
评价项目	评价要素	自评			互评			教师评		
		优秀	较好	待改进	优秀	较好	待改进	优秀	较好	待改进
专业能力	阿萨姆红茶的冲泡									
	奶昔的制作									
	阿萨姆杧果奶昔的调制									
通用能力	协作能力									
	创新能力									
	语言表达能力									
	审美能力									
情感态度	执着专注									
	精益求精									
	一丝不苟									
	追求卓越									
备注	优秀（5分）；较好（3～4分）；待改进（0～2分）									

参考答案

莫负好时光

项目七

千古流传韵无穷
愈久弥香展芳华
—— 黑茶调饮

思维导图

项目七 千古流传韵无穷 愈久弥香展芳华——黑茶调饮

- 任务一 普洱脏脏奶茶
- 任务二 石榴茯茶
- 任务三 陈皮红枣六堡茶

学习目标

- 掌握以普洱茶为基底茶的乳茶制作。
- 掌握以茯茶为基底茶的果茶制作。
- 掌握以六堡茶为基底茶的煮饮茶制作。
- 了解黑茶相关文化知识。
- 增强守正创新意识，提升实践创新能力。
- 弘扬工匠精神，全面提升综合职业素养。

黑茶承载着厚重的历史底蕴，更以其独特的品质与风味赢得了“茶中瑰宝”的美誉。在诸多茶类中，黑茶以其独特的陈化过程与风味特性，受到人们广泛的欢迎与喜爱，成为连接过去与现在、传统与创新的桥梁。

任务一　普洱脏脏奶茶

普洱茶，源自云南的古老茶韵，承载着千年的历史沉淀与文化底蕴，它不仅是茶马古道上的重要贸易商品，更是历代皇室贵族的珍爱之选。普洱茶的魅力在于其“越陈越香”的特性，被誉为“可以喝的古董”。

任务描述

普洱茶以其独特的韵味著称，历经岁月陈化，展现出醇厚的口感与悠长的回甘。本季度，原叶悠享饮品店在新品研发上大胆创新，巧妙地将普洱熟茶与牛奶、红糖、珍珠相结合，打造出了一款深受年轻人喜爱的普洱脏脏奶茶，为顾客带来了全新的风味体验。这款新品一经上市，便迅速获得了市场的热烈反响，销量节节攀升，成了众多消费者的心头好。

任务分析

普洱脏脏奶茶的创新精髓，在于它将中国传统名茶——普洱熟茶的深邃韵味与现代奶茶的时尚口感完美融合。当这份传统的茶香与现代奶茶的醇香交织在一起时，不仅碰撞出了令人耳目一新的味觉体验，更在视觉上以独特的“脏脏”效果吸引了人们的眼球。

一、了解茶叶

调饮师需对普洱熟茶茶叶有深入的了解，包括普洱茶的选择、茶叶的冲泡、品质特征等。良好的文化知识储备有助于提升调饮师的专业素养，也可以在顾客询问时提供专业且详尽的解答。

二、主要制作过程

泡茶：选择优质的普洱熟茶是制作普洱脏脏奶茶的基础。用适宜的水温冲泡普洱茶，以充分释放其香气和味道。注意控制泡茶时间，避免茶冲泡过度或不足。

“脏脏”效果呈现：取适量黑糖浆倒入出品杯，轻轻摇晃杯子，利用糖浆的黏性使其附着在杯壁上，形成独特的“脏脏”视觉效果。这是脏脏奶茶的特色所在。

混合调味：往出品杯中入冰块、鲜牛奶，最后倒入普洱茶汤。注意根据需求的口味，控制好牛奶与茶汤的比例、奶茶的甜度等，以体现良好的奶香茶韵。

任务实践

一、原料、辅料（以 200mL 的出品杯为例）

材料名称	数 量	普洱脏脏奶茶
普洱熟茶	5g	
热水	100mL	
冰块	20g	
鲜牛奶	50mL	
自制黑糖珍珠	30g	

二、制作器具

萃茶壶、出品杯、奶缸、量杯、杯垫、冰桶、冰夹、搅拌勺、电子秤等。

三、制作过程

普洱脏脏奶茶制作

<table>
<tr><th colspan="3">普洱脏脏奶茶制作过程</th></tr>
<tr><td>（1）泡茶：5g的普洱熟茶用100mL100℃热水冲泡，8分钟后滤出茶汤，自然冷却备用。</td><td></td><td></td></tr>
<tr><td>（2）往出品杯中加入提前熬制的30g黑糖珍珠（制作方法请见相关知识），将出品杯倾斜旋转挂壁，出现“脏脏”的效果。</td><td></td><td></td></tr>
<tr><td>（3）往出品杯中加入20g冰块、50mL鲜牛奶。</td><td></td><td></td></tr>
<tr><td>（4）加入普洱茶汤，并进行装饰摆盘。</td><td></td><td></td></tr>
<tr><td colspan="3">备注：调制过程符合《GB 12695—2016 食品安全国家标准 饮料生产卫生规范》</td></tr>
</table>

四、试饮体会

试饮测试口感，细心品尝，认真观察，相互交流，填写评价表，总结归纳饮品的优缺点。

茶饮品评价表				
饮品名称：				
项　目	评　价			
	优秀	良好	一般	不足
颜色搭配合理				
装饰造型美观				
香气自然，令人愉悦				
口感丰富，有层次感				
顺滑不涩口				
甜度适口，不腻人				
风味平衡				
回味悠长				
优点：				
不足：				
对你的启发：				
配方改良建议：				

五、茶品推介

（一）茶签制作

设计紧扣“普洱脏脏奶茶”这一主题，确保顾客一眼就能识别出它的特色。可以在卡片上添加一些创意元素，如手绘图案、趣味文字等。卡片上包含一些实用信息，如奶茶成分、口感描述、冲泡方法等，方便顾客了解和使用。茶签中还可以提示消费者，喝此款饮品可以选择茶点搭配，如肉脯、豆干、芝麻酥等。

（二）推介词撰写

普洱脏脏奶茶推介词

本季特色新品——普洱脏脏奶茶，精选优质普洱熟茶为基底，融入醇厚的牛奶与特制黑糖珍珠。这款奶茶不仅保留了普洱茶的浓郁茶香，还融入了牛奶的丝滑质感。黑糖珍珠的Q弹口感更是为奶茶增添了一份别样的乐趣，甜而不腻，让人回味无穷。

相关知识

一、普洱茶简介

普洱茶产于云南省，历史悠久，古今中外负有盛名。据南宋李石《续博物志》记载："西蕃之用普茶，已自唐朝。"这里的普茶就是普洱茶，由此可见早在唐代就有普洱茶的贸易了。在明代，普洱茶已广泛流行，有"士庶所用，皆普茶也"之说，意指普通市民日常所用多为普洱茶。至清代，普洱茶被选为贡品进献朝廷，由此声名鹊起，闻名遐迩。

在当代，普洱茶的生产技术和贸易渠道均取得了显著的进步与拓展，已成为中国茶叶市场中不可或缺的重要组成部分。随着消费者对普洱茶独特风味、健康益处以及文化底蕴认识的加深，普洱茶不仅在国内市场广受欢迎，也赢得了全球茶友的青睐。从传统的制作工艺到现代化的生产流程，从线下实体店到线上电商平台的广泛销售，普洱茶的生产与贸易呈现良好的市场潜力和文化影响力。

二、普洱茶定义

《GB/T 22111—2008 地理标志产品 普洱茶》将普洱茶定义为：以地理标志保护范围内的云南大叶种晒青茶为原料，并在地理标志保护范围内采用特定的加工工艺制成，具有独特品质特征的茶叶。按其加工工艺及品质特征，普洱茶分为普洱生茶和普洱熟茶两种类型。这里的地理保护范围主要包括云南省普洱市、西双版纳州、临沧市、昆明市、大理州、保山市、德宏州、楚雄州、玉溪市、文山州等11个州（市）、75个县（市、区）、639个乡（镇、街道办事处）现辖行政区域。

三、普洱茶的冲泡方法

鉴于普洱茶的多样性和独特性，其形态有散茶与紧压茶，制作工艺区分有熟茶与生茶，存储时间上又有新茶与老茶之分，因此在冲泡普洱茶时不能一概而论。需根据茶叶的具体类型来冲泡，同时也要考虑品茶者的口味偏好，做到“看茶泡茶，看人泡茶”，以达到最佳的品饮效果。

（一）器具选择

冲泡普洱茶最常见的茶具是盖碗和紫砂壶，这两种茶具都能很好地展现普洱茶的香气与滋味。当然，根据品茶者的个人喜好和品鉴需求，也可以灵活搭配其他茶具使用。

（二）泡茶水温

通常情况下，冲泡普洱茶建议使用95℃以上的热水，以充分激发茶叶的内含物质和香气。对于较为幼嫩的普洱茶，为了避免高温破坏其细腻的口感和香气，可以适当降低水温进行冲泡。对于那些由粗老原料加工而成的普洱茶，高温冲泡则能更好地促进茶叶中有效成分的析出，使茶汤味道更加醇厚。因此，在冲泡普洱茶时，需根据茶叶的嫩度灵活调整水温，以达到最佳的品饮口感。

（三）投茶量

投茶量的多少，通常依据个人口味偏好来决定。一般来说，推荐的投茶量为5～8g，这个范围能够较好地平衡茶汤的浓度与口感。

（四）浸泡时间

在浸泡时间上，散茶与紧压茶之间存在些许差异。散茶较为松散，内含物质容易析出，因此浸泡时间可以稍短一些；而饼茶因压制紧密，需要一点时间来充分释放茶叶的风味。所以，在冲泡普洱茶时，需要依据茶叶的具体形态以及个人对茶汤浓度的偏好，灵活调整浸泡时间，以达到最佳的品饮效果。

四、脏脏奶茶的由来

脏脏奶茶起源于台湾的黑糖珍珠奶茶，脏脏奶茶的原始形态可以追溯到台湾陈三鼎奶茶店研发的“青蛙撞奶”。这里的“青蛙”指的是用黑糖熬制的珍珠，与鲜奶混合后形成了独特的口感和视觉效果。后来，经过多个茶饮品牌的改良与创新，逐渐演变为我们现在所熟知的脏脏奶茶。特别是在社交媒体的广泛传播下，脏脏奶茶迅速走红，成为新一代的网红饮品，受到广大消费者的关注和喜爱。

五、自制珍珠的做法

准备材料：木薯粉、红糖（或黑糖）、水。

制作步骤：

·将红糖和水混合均匀，加热至红糖完全融化。

·关火后，趁热将木薯粉加入红糖水中，搅拌成絮状。

·将搅拌好的木薯粉团放在案板上，揉成光滑有弹性的面团。

·将面团搓成长条，切成小段，再搓成小圆球。

·将搓好的小圆球放入木薯粉中滚一下，防止粘连。

·烧开一锅水，将珍珠放入水中，用中小火煮约 30 分钟，期间要不断搅拌以防粘锅。

·煮好后，关火盖上锅盖焖约 30 分钟，使珍珠更加晶莹剔透。

·将煮好的珍珠用冷水冲洗几次，以防止粘连，并增加 Q 弹口感。

·煮好的珍珠可直接加入奶茶中食用，如需保存，可将珍珠放入保鲜袋中，加入适量木薯淀粉防粘，然后放入冰箱冷冻保存。冷冻后的珍珠需提前取出解冻并重新煮熟后再食用。

六、“脏脏”效果的制作要点

制作“脏脏奶茶”的脏脏效果，关键在于珍珠与黑（红）糖糖浆在杯壁形成的独特挂壁效果，以及与奶茶混合后产生的视觉效果。以下是关于挂壁效果的制作要点（自制珍珠的方法，详情见前文）：

第一，取适量黑糖（根据口味而定）和水（用于稀释黑糖并熬制成糖浆）放入锅中，用小火熬至变浓稠，形成黑糖糖浆。黑糖糖浆的浓度会影响挂壁效果和口感。如果太稀，挂壁效果不明显；太浓，口感会过于甜腻。

第二，在准备好的杯子中，用勺子取适量的黑糖糖浆，涂在杯壁上，形成脏脏壁。也可以转动杯子，使糖浆更均匀地挂在杯壁上。

第三，将煮好的珍珠倒入杯子中，然后从杯子中间倒入奶茶。奶茶的温度要适中，过热会破坏糖浆的挂壁效果，过冷则会影响饮品整体口感。

训练与拓展

1. 知识巩固

• 填空题

（1）按照加工工艺及品质特征，普洱茶分为 ________ 和 ________ 两种类型。

（2）普洱脏脏奶茶的主要茶底是 ________。

• 选择题

（1）以下哪种是普洱脏脏奶茶的主要特征？（　　）

A. 清澈的茶色

B. 丰富的奶泡

C. 深沉的茶色与“脏脏”的视觉效果

D. 甜度极高

（2）制作普洱脏脏奶茶时，以下哪种配料不是必需的？（　　）

A. 普洱茶叶　　B. 鲜奶或奶精

C. 黑糖或焦糖　　D. 新鲜水果

• 判断题

（1）普洱脏脏奶茶的“脏脏”效果是由黑糖（红糖）或焦糖与牛奶混合后产生的。（　　）

（2）普洱脏脏奶茶出品时，为保证“脏脏”的效果，倒入牛奶和普洱茶时从杯子中间倒，避免碰到杯壁。（　　）

2. 技能精进

• 脏脏奶茶挂壁技术训练

用黑糖和牛奶制作一杯黑糖脏脏茶。要求挂壁手法熟练，效果佳。

3. 领域拓展

请尝试对普洱脏脏奶茶进行技术强化与创新，完成一杯创新脏脏奶茶的制作，为其命名并撰写推介词。创新方向参考如下：

茶底创新：可尝试使用不同茶类做基底，如红茶、乌龙茶等。

配料创新：除了珍珠外，尝试加入其他配料（如椰果、布丁、红豆、燕麦等），以增加奶茶的口感丰富度和营养价值。

视觉效果创新：尝试使用不同颜色的糖浆（如焦糖、蜂蜜等）或配料（如彩色珍珠、水果片等），以创造独特的视觉效果。

学习评价

内容		评 价								
评价项目	评价要素	自 评			互 评			教师评		
		优秀	较好	待改进	优秀	较好	待改进	优秀	较好	待改进
专业知识	普洱茶的简介									
	普洱茶定义									
	普洱茶的冲泡方法									
	普洱脏脏奶茶的制作流程									
专业能力	“脏脏”效果的制作									
	普洱脏脏奶茶的制作									
通用能力	协作能力									
	创新能力									
	语言表达能力									
	审美能力									
情感态度	执着专注									
	精益求精									
	一丝不苟									
	追求卓越									
备注	优秀（5分）；较好（3～4分）；待改进（0～2分）									

参考答案

任务二　石榴茯茶

茯茶被誉为“古丝绸之路上的神秘之茶”，素有“天下第一砖”之称。茯茶与石榴调饮，实现了传统与果香的完美融合，红亮的茶汤与鲜红的石榴籽相映成趣。融合后的饮品，不仅口感独特，更蕴含着健康养生的理念。

任务描述

原叶悠享饮品店今年的中秋新品发布恰逢石榴丰收之际，他们匠心独运，将石榴与泾阳茯茶巧妙融合，创新调制出一款独具风味的石榴茯茶。这款特调茶饮让顾客们充分体验到了泾阳茯茶与石榴完美交融所带来的独特韵味，产品一经推出，便赢得了顾客的一致好评。

任务分析

泾阳茯茶的独特韵味与石榴的清新口感巧妙融合，茯香醇厚，宛如历史长河中的悠悠古韵，与石榴果味的酸甜香甜交织在一起，仿佛穿越古今，品味一段关于茶与果的奇妙旅程。

一、了解茶叶

茯茶被誉为“古丝绸之路上的神秘之茶”，承载着深厚的历史文化底蕴。调饮师在调制石榴茯茶时，需熟知茯茶的产地、独特的口感并了解茯茶的由来及相关历史文化知识。具备良好的专业知识储备，是成为一名优秀调饮师的基本素养。

二、主要制作过程

石榴汁的提取：石榴汁可以通过在雪克壶中捣碾石榴直接获取，也可以使用榨汁机榨汁。

茯茶的冲泡：适量茯茶用热水冲泡，浸泡 7 ~ 10 分钟，以充分释放其香气和滋味。

混合调制：雪克壶中加入石榴籽，用捣棒轻压出汁，然后加入果糖、石榴汁、适量的冰块，倒入茶汤雪克均匀。

装饰：出品杯中加入冰块，再倒入混合液，用薄荷叶进行装饰。

任务实践

一、原料、辅料（以 300mL 的出品杯为例）

材料名称	数量	石榴茯茶
泾阳茯茶	5g	
水	125mL	
冷却冰块	75g	
鲜石榴籽	20g	
果糖	15mL	
石榴汁	25mL	
出品冰块	40g	
装饰	清香木	

二、制作器具

萃茶壶、出品杯、量杯、搅拌棒、雪克壶、冰桶、冰夹、长柄勺、捣棒等。

三、制作过程

石榴茯茶制作

石榴茯茶制作过程	
（1）将 5g 的泾阳茯砖茶用 125mL 的 100℃热水冲泡 7 分钟出汤，用 75g 冰冷却备用。	  

续表

石榴茯茶制作过程	
（2）雪克壶中加入石榴籽20g，用捣棒轻压出汁。	 
（3）雪克壶中加入石榴汁 25mL、果糖 15mL、适量冰块，最后倒入茶汤，摇匀。	   
（4）往出品杯中加入冰块 40g，将摇匀的茶汤倒入出品杯中，并进行装饰。	  
备注：调制过程符合《GB 12695—2016 食品安全国家标准 饮料生产卫生规范》	

四、试饮体会

试饮测试口感，细心品尝，认真观察，相互交流，填写评价表，总结归纳饮品的优缺点。

茶饮品评价表				
饮品名称：				
项　目	评　价			
	优秀	良好	一般	不足
颜色搭配合理				
装饰造型美观				
香气自然，令人愉悦				
口感丰富，有层次感				
顺滑不涩口				
甜度适口，不腻人				
风味平衡				
回味悠长				
优点：				
不足：				
对你的启发：				
配方改良建议：				

五、茶饮推介

（一）茶签制作

设计中，将石榴与茯茶元素巧妙结合。可以绘制一个半开的石榴，石榴籽饱满且色泽鲜艳，象征丰收和繁荣。在石榴的一侧，放置一小堆泾阳茯茶，茶色黑褐油润，金花隐约可见。石榴与茯茶的背景可以融入丝绸之路的元素，如沙漠、驼队等，以细腻的线条勾勒，营造出一种历史感。在卡片的一角，可以添加饮品信息二维码，如茯茶介绍、饮品风味与配比等，方便消费者扫描了解更多产品详情或参与互动。

（二）推介词撰写

石榴茯茶融合了茯茶本身的陈香和木香、石榴的果甜，形成一种令人愉悦的复合香气。石榴茯茶在口感上既有茯茶的温和与回甘，又有石榴的甜美与清爽，甜而不腻，清爽醇和，口感层次丰富。

石榴茯茶推介词

石榴的鲜甜如同初升的阳光，温暖而明媚；茯茶的陈韵如同岁月的低语，深沉而悠长。两者相遇，唤醒了味蕾的极致享受，在不经意间，将健康与文化的精髓悄然融入我们的日常生活之中。

相关知识

一、茯砖茶简介

茯砖茶约在1860年前后问世，当时用湖南省所产的黑毛茶踩压成90公斤一块的篾篓大包，运往陕西泾阳筑制茯砖。因在伏天加工，故又称为“伏茶”；因原料送到泾阳筑制，又称“泾阳砖”。经过反复试验，1951年在湖南安化就地加工茯砖茶获得成功。

茯砖茶，因其浓郁的香气和特有的金花成分深受西北地区各民族喜爱。金花是茶砖中经发花工艺培养的冠突散囊菌，有化腻健胃、御寒提神之效。在缺少蔬果、以肉奶为主食的地区，长期饮用茯茶能助消化、调节新陈代谢，具有保健防病作用。西北有谚：“一日无茶则滞，三日无茶则病。宁可三日无粮，不可一日无茶。”体现了茯砖茶在当地人民生活中的重要地位。

二、茯砖茶品饮方法

（一）煮饮法

煮茶，茶叶和水的比例一般是1 ∶ 100左右，也可以根据个人的口感浓淡调整茶叶的克数，因为煮茶会比较浓郁，所以适当减少克数，也能喝到很好的风味。可先将要煮的茶叶用清水润洗一遍，然后将水烧至初沸，茶叶放人煮茶壶中，小火煮3 ~ 5分钟，滤渣后即可趁热饮用。这种方式可以重复煮3 ~ 6次。

（二）泡饮法

泡饮，这是最常见的品饮方式。需要准备一个盖碗、紫砂壶或其他适宜的主泡器，茶水比例为 1 ： 25 左右，100℃沸水冲泡。温杯洁具后投入适量茶叶，第 1 泡洗茶 5 秒左右倒掉，正式冲泡时，第 2 ~ 5 泡 10 秒左右出汤，5 泡以后适当延长闷泡时间（以上仅为参考，具体需看茶泡茶、按需泡茶）。

（三）焖泡法

焖泡茯砖茶深受众多茯砖爱好者的青睐和认可。焖泡的茶汤具有醇厚顺滑、饱满甜润、略带枣香或粽香等口感特点。焖泡茯砖茶需要 100℃的沸水，茶水比一般为 1 ： 100 左右即可，将适量的茯砖茶分解为小块放入焖茶杯或焖茶壶，润洗茶叶并倒掉这一道茶汤，然后再次注入热水，焖泡 3 分钟以后即可品饮。

（四）调饮法

茯砖茶的调饮法多样且富有创意，可以根据个人口味和喜好进行搭配。茯砖茶与鲜奶融合，制作出口感醇厚、风味独特的茯砖奶茶；在煮好的茶汤中加入适量菊花，制作出清新宜人的菊花茯茶。还可以根据个人喜好加入枸杞、红枣等配料，这些配料不仅具有丰富的营养价值，还能为茶汤增添更多的口感层次和风味变化。

三、西安临潼石榴

吃临潼石榴，品味千年文化。临潼是我国石榴最早栽植地和全国石榴主产区之一，被誉为“石榴之乡”。临潼石榴 2000 年前自汉代张骞出使西域，经丝绸之路引进后传播到全国各地。骊山脚下的临潼石榴个头硕大、色泽鲜亮，籽肥汁多，核软味甜、营养丰富。临潼石榴营养丰富，富含维生素 C、石榴多酚、花青素等多种微量元素及矿物质，具有抗衰老，美容养颜，排毒，降血脂、血糖、胆固醇等多种功效。

训练与拓展

1. 知识巩固

• 填空题

（1）石榴茯茶是一种结合了石榴与 ________ 的特色茶饮。

（2）石榴茯茶不仅口感独特，还富含 ________ 和 ________ 等多种营养成分。

• 选择题

（1）石榴茯茶的口感特点有哪些？（　　）

A. 酸涩辛锐　　B. 甜而不腻　　C. 清爽醇和　　D. 层次丰富

（2）石榴茯茶主要的调制技法是。（　　）

A. 摇和法　　B. 兑和法　　C. 搅拌法　　D. 调和法

• **判断题**

（1）茯茶最初是将湖南省所产的黑毛茶运往陕西泾阳，在泾阳筑制而成。（　　）

（2）因在伏天加工，故又称为“伏茶”，因原料送到泾阳筑制，又称“泾阳砖”。（　　）

2. 技能精进

• **调饮技法——两段式波士顿杯**

两段式波士顿杯是调酒中常用的一种工具，其独特的两段式设计使得调酒过程更加高效和便捷。请同学们自主探索两段式波士顿杯在茶调饮中的应用与操作，将学习所获相互分享。

3. 领域拓展

• **姜枣茯茶制作**

以茯茶为基底茶，红枣、干桂圆和生姜为配料，设计配方，完成姜枣茯茶的制作，并为饮品起名，设计推介词。

学习评价

内容		评价								
评价项目	评价要素	自评			互评			教师评		
		优秀	较好	待改进	优秀	较好	待改进	优秀	较好	待改进
专业知识	茯砖茶简介									
	茯砖茶的品饮方法									
	掌握石榴茯茶的调饮流程									
专业能力	制作石榴茯茶									
	调饮技法——摇和法									
通用能力	协作能力									
	创新能力									
	语言表达能力									
	审美能力									

续表

内容		评价								
评价项目	评价要素	自评			互评			教师评		
		优秀	较好	待改进	优秀	较好	待改进	优秀	较好	待改进
情感态度	执着专注									
	精益求精									
	一丝不苟									
	追求卓越									
备注	优秀（5分）；较好（3～4分）；待改进（0～2分）									

参考答案

任务三　陈皮红枣六堡茶

随着人们健康意识的日益增强，结合传统中医理念的养生茶饮走俏市场。传统茶饮不断融入更多天然、健康的元素，如草本精华、天然果实等，为消费者带来了更加多元化、个性化的健康茶饮体验。

任务描述

冬季来临，围炉煮茶成了人们饮茶时的热门首选。为了迎合这一季节性的饮茶风尚，原叶悠享饮品店特别推出了融合陈皮、红枣和六堡茶精华的养生新品——陈皮红枣六堡茶。

任务分析

陈皮红枣六堡茶是一款结合了陈皮、红枣和六堡茶等多种食材的茶饮，其制作可以从以下几个方面进行分析。

一、食材分析

陈皮作为一味中药材，性温，味辛、苦，归脾、肺经，具有理气健脾、燥湿化痰的功效。陈皮的甘香特质与六堡茶的醇厚口感相互交融，共同酝酿出别具一格、风味独特的茶汤。

红枣是传统的滋补食材，具有益气补血、健脾和胃的功效。红枣的甜味可以中和陈皮的苦味，使茶汤口感更加甘甜醇厚。

六堡茶作为黑茶类的一种，其茶性温和，具有显著的祛湿效果，这一特点使其在众多茶类中独树一帜。适量饮用六堡茶不仅能够享受其独特的口感和香气，也能够为身体健康带来诸多益处。

二、制作步骤分析

准备食材：按照配方准备好适量的陈皮、红枣和六堡茶。陈皮和红枣需要清洗干净，红枣去核备用。

煮制茶汤：将陈皮和红枣放入锅中，加入适量的水。用中小火煮沸后，转小火慢煮 5 分钟，使茶汤变得浓郁。然后加入六堡茶，继续煮制 2 分钟左右，让茶叶充分释放出香味和营养成分。根据个人口味，可以适量添加冰糖或其他调味品来调整茶汤的甜度和口感。

综上所述，陈皮红枣六堡茶是一款结合了多种食材优点的茶饮，不仅口感独特，而且具有多种养生功效。在制作过程中，需要注意食材的搭配和煮制时间的控制，以确保茶汤的口感和营养成分。

任务实践

一、原料、辅料（以 300mL 的出品杯为例）

材料名称	数 量	陈皮红枣六堡茶
六堡茶	3g	
纯净水	300mL	
红枣	3 颗	
陈皮	3g	

二、制作器具

盖碗、煮茶壶、出品杯、杯垫、茶则、茶匙、电陶炉等。

三、制作过程

陈皮红枣六堡茶制作

陈皮红枣六堡茶制作过程	
（1）红枣洗净切开取核。	

续表

陈皮红枣六堡茶制作过程		
（2）润洗陈皮和六堡茶，出汤弃掉。		
（3）将 300mL 水煮开，依次投入红枣、陈皮和六堡茶。（按需要可加入适量冰糖）		
（4）再次煮沸，等待 2 ~ 3 分钟即可出汤，可在品茗杯中放几片枣片装饰。		
备注：调制过程符合《GB 12695—2016 食品安全国家标准 饮料生产卫生规范》		

四、试饮体会

试饮测试口感，细心品尝，认真观察，相互交流，填写评价表，总结归纳饮品的优缺点。

茶饮品评价表				
饮品名称：				
项　目	评　价			
	优秀	良好	一般	不足
颜色搭配合理				
装饰造型美观				
香气自然，令人愉悦				

续表

茶饮品评价表				
饮品名称：				
项　目	评　价			
	优秀	良好	一般	不足
口感丰富，有层次感				
顺滑不涩口				
甜度适口，不腻人				
风味平衡				
回味悠长				
优点：				
不足：				
对你的启发：				
配方改良建议：				

五、饮品推介

（一）茶签制作

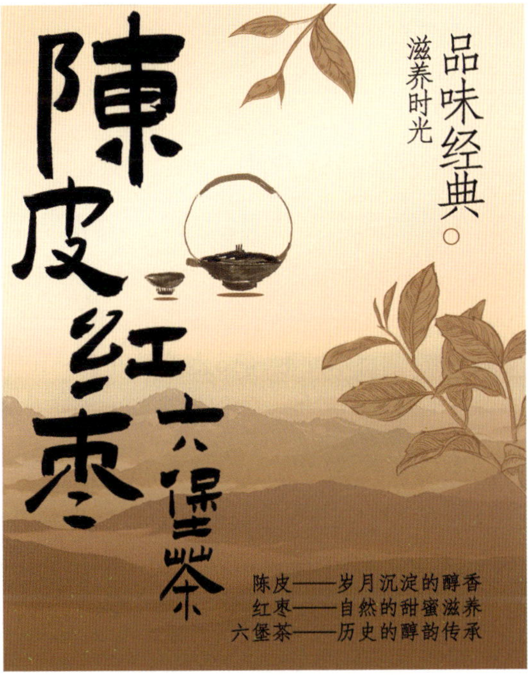

陈皮红枣六堡茶具有浓厚的中国韵味，卡片设计可以采用中国传统的元素和色调，如红色、褐色、金色、墨色等，体现其文化底蕴。也可以将复古与现代结合，在保留传统元素的基础上，融入一些现代设计元素，如简洁的线条、几何图形等，使卡片看起来更加时尚。

卡片的内容上可以简要介绍陈皮红枣六堡茶的特点，如陈皮的理气健脾、燥湿化痰功效，红枣的补血养颜作用，以及六堡茶的醇厚口感和养生效果。配以高质量的茶叶、茶汤图片以及简洁明了的文字说明，让客人一目了然。

（二）推介词撰写

品味经典，滋养时光——陈皮红枣六堡茶

陈皮——岁月沉淀的醇香

红枣——自然的甜蜜滋养

六堡茶——历史的醇韵传承

当陈皮、红枣与六堡茶相遇，不仅是一场味觉的盛宴，更是一次身心的洗礼。它们相互渗透，彼此成就，既保留了各自的独特风味，又创造出前所未有的和谐之美。每一泡，都是时间的低语，自然的馈赠，让您在茶香袅袅中，感受到身心的放松与愉悦。

相关知识

一、六堡茶简介

六堡茶原产于广西苍梧县的六堡镇，因产地而得名。清朝嘉庆年间，六堡茶以其特殊的槟榔香味列为中国名茶之一。现六堡茶的产区已扩大至苍梧县周边各县。六堡茶汤色红浓明亮，香气醇陈，滋味浓醇甘和，素以“红、浓、陈、醇”四绝而著名。

六堡茶属黑茶类。在梧州市行政辖区范围内，选用苍梧县群体种，大中叶种及其分离、选育的品种和品系的茶树的鲜叶为原料，按特定的工艺进行加工，是具有独特品质特征的黑茶。

二、六堡茶品饮方法

（一）泡饮

冲泡六堡茶时，可选用紫砂壶、坭兴陶壶或者白瓷盖碗作为主泡器。泡茶水温100℃，投茶量按照1 ∶ 30的茶水比例。首先润茶，快速用沸水浸润茶叶后立即倒掉。随后，再次用沸水冲泡，前5泡建议在7 ~ 10秒内出汤，以保证茶汤的口感鲜爽不苦涩。随着冲泡次数的增加，为保持茶汤的滋味，可适当延长每次泡茶的时间。

（二）煮饮

煮茶建议使用陶壶，因其良好的保温性能可使茶汤更为醇厚绵滑。建议茶水比为1 ∶ 150左右，投茶前先用清水润洗一遍茶叶，待水沸腾后投入茶叶，再次沸腾后煮2 ~ 3分钟即可关火。需要注意的是，一般年份较老的六堡茶更适合煮饮，能够充分展现其独特的陈香和醇厚感。三年以内的六堡茶，由于其茶性较为活跃，煮饮可能会使其苦涩味加重，影响口感。因此，三年以内的六堡茶不建议煮饮，更适合采用冲泡的方式，以品味其鲜爽和清香。

（三）焖泡

焖泡六堡茶可以使用保温杯或保温热水瓶。焖泡的茶水比例约为 1 ∶ 200。亦可根据个人口感浓淡适当调整。焖泡前可用清水润洗茶叶，将洗过的茶叶放入保温杯或保温壶中，注入沸水，盖上杯盖，焖泡半小时左右，即可将茶汤倒出饮用。焖泡法非常适合老六堡茶，焖泡后的老六堡茶口感醇滑，饱满细腻，带有淡淡的豆沙香、枣香或米汤感。

三、六堡茶的品饮功效

历史上，六堡茶主要销往南洋地区，如马来西亚、吉隆坡、新加坡等地，成为当地华人及外出游子必备的饮品。因此，六堡茶被赋予了“侨销茶”的称号。在清代和民国时期，六堡茶因其具有祛湿解暑的作用，成为两广等地居民下南洋时解渴去瘴、消暑祛湿的首选。

南方医科大学中医药学院、中粮营养健康研究院等科研机构对六堡茶的祛湿功效进行了深入研究。研究结果表明，六堡茶具有改善痰湿体质、调节肠道微生态、改善胆红素代谢等作用，从而实现解腻、祛痰湿的效果。此外，六堡茶中的黄酮、酚酸和茶褐素等活性物质被认为与其祛湿功效密不可分。

训练与拓展

1. 知识巩固

• 填空题

（1）陈皮红枣六堡茶是一种结合了 __________（茶叶种类）、陈皮和大枣的茶饮。

（2）陈皮在陈皮红枣六堡茶中起到了 __________（功效）的作用。

• 选择题

（1）下列哪一项不是陈皮红枣六堡茶可能带来的健康益处？（　　）

A. 改善消化　　　B. 提高免疫力

C. 祛湿解暑　　　D. 立即治愈感冒

（2）在制作陈皮红枣六堡茶时，下列哪种做法可能不正确？（　　）

A. 使用新鲜采摘的六堡茶叶

B. 加入适量陈皮和红枣

C. 用沸水冲泡后立即饮用（假设未考虑泡茶时间）

D. 根据个人口味调整陈皮和大枣的用量

• **判断题**

（1）六堡茶以“红、浓、陈、醇”四绝而著名。（ ）

（2）制作陈皮红枣六堡茶时，可以根据个人口味随意添加陈皮和红枣的用量，不会影响茶饮的口感和健康益处。（ ）

2. 技能精进

探索除了六堡茶之外，还有哪些茶类的茶适合煮饮。借鉴六堡茶的煮饮经验，尝试对其他茶叶采用煮饮的方式进行品鉴，探讨不同茶之间的煮饮方法有哪些异同之处。

3. 领域拓展

• **青梅醉六堡制作**

以六堡茶为基底茶，以香水柠檬和梅子酒为配料，自主设计配方，完成青梅醉六堡茶的制作，阐述创新思路，为饮品起名，撰写推介词。

学习评价

内容		评价								
评价项目	评价要素	自评			互评			教师评		
		优秀	较好	待改进	优秀	较好	待改进	优秀	较好	待改进
专业知识	六堡茶简介									
	六堡茶的品饮方法									
	掌握陈皮红枣六堡茶制作流程									
专业能力	制作陈皮红枣六堡茶									
	调饮技法——煮茶									
通用能力	协作能力									
	创新能力									
	语言表达能力									
	审美能力									

续表

内容		评价								
评价项目	评价要素	自评			互评			教师评		
		优秀	较好	待改进	优秀	较好	待改进	优秀	较好	待改进
情感态度	执着专注									
	精益求精									
	一丝不苟									
	追求卓越									
备注	优秀（5分）；较好（3～4分）；待改进（0～2分）									

参考答案

项目八

茶香酒醇咖意浓 杯中聚尽人生美——融合创意调饮

思维导图

项目八 茶香酒醇咖意浓 杯中聚尽人生美——融合创意调饮

- 任务一 桂花乌龙拿铁
- 任务二 茉莉微醺
- 任务三 茶颜阿芙佳朵

学习目标

- 学会以茶为基底，融合咖啡的调饮制作。
- 学会以茶为基底，融合酒品的调饮制作。
- 学会以茶为基底，融合冰激凌的调饮制作。
- 熟悉茶类特点，掌握融合调饮配搭相关知识。
- 培养乐于思考、积极实践、敢于创新的学习态度。
- 培养认识美、创作美的意识，提高融合调饮美学素养。

“茶 +”理念正引领着茶饮行业的新风尚，它并不是对传统茶饮的简单升级，而是通过将茶与其他食材、文化乃至科技进行跨界融合，创造出一系列新颖独特的茶饮体验。“茶 +”让茶饮不仅仅是一种饮品，更是一种生活态度，一种追求健康、品质与创新的生活方式。

任务一　桂花乌龙拿铁

茶与咖啡相结合是近年来新式茶饮领域的一大创新。这种跨界融合，不仅挑战了传统茶饮与咖啡的界限，更在口感上带来了全新的体验。乌龙茶因其香高味浓，成为特色融合调饮茶基底的良好选择。

任务描述

佳茗和她的团队紧跟行业潮流，研发出一款桂花乌龙拿铁，一经推出便迅速在店内及线上平台引发了热烈反响，成为热销产品。

任务分析

制作一杯独具特色的桂花乌龙拿铁，需要精心调配乌龙茶茶汤、意式浓缩咖啡液、牛奶、糖浆的比例，并巧妙点缀桂花，以达到味觉与视觉的双重享受。以下是具体的制作公式及考虑因素：

桂花乌龙拿铁 = 精选基底茶 + 特色融合饮品 1+ 特色融合饮品 2+ 糖浆 + 装饰

即：桂花乌龙拿铁 = 乌龙茶茶汤 + 意式浓缩咖啡液 + 牛奶（或杏仁奶、燕麦奶等）+ 适量糖浆 + 新鲜桂花或桂花酱

在制作过程中，还需注意以下几点以优化成品展示效果。

一、颜色搭配

确保各原料的颜色在杯中层次分明，如乌龙茶茶汤的金黄色作为基底，上方缓缓倒入深褐色的咖啡液，再轻轻覆盖上洁白的牛奶泡沫，最后撒上几朵金黄的桂花或点缀少量桂花酱，形成鲜明的视觉对比，以吸引顾客的目光。

二、温度控制

乌龙茶茶汤和意式浓缩咖啡液应保持适宜的热度，而牛奶则可根据顾客喜好选择冷饮或热饮，确保整体饮品温度和谐，既不过分烫口也不失温感。

三、口感调和

通过调整糖浆的用量，平衡乌龙茶、咖啡和牛奶之间的味道，使得每一口都能感受到丰富的层次感，既有乌龙的清新，又有咖啡的醇厚，还有牛奶的丝滑。

四、装饰艺术

利用桂花作为装饰不仅增添了自然风味，也是提升饮品美感的关键。可以在奶泡上轻轻撒上一层桂花瓣，或是用桂花酱在杯沿绘制图案，既美观又富有创意。

任务实践

一、原料、辅料（以 200mL 的出品杯为例）

材料名称	数量	桂花乌龙拿铁
大红袍	3g	 
沸水	30mL	
冰块	100g	
意式浓缩咖啡液	15mL	
牛奶	15mL	
淡奶油	15mL	
糖浆	15mL	
桂花蜜酱	10g	
干桂花	2g	

二、制作器具

萃茶壶、咖啡机、出品杯（盖碗）、量杯、盎司杯、吧匙、托盘、杯垫等。

三、制作过程

桂花乌龙拿铁制作

桂花乌龙拿铁制作过程	
（1）取 3g 大红袍，加入 30mL 沸水，浸泡 5 分钟后过滤。	
（2）将 15mL 牛奶与 15mL 淡奶油融合。	
（3）用意式咖啡机萃取浓缩咖啡液 15mL。	
（4）取 10g 桂花蜜酱，用吧匙涂抹玻璃盖碗内壁，注意贴合挂壁。	

续表

桂花乌龙拿铁制作过程	
（5）盖碗中加入 100g 冰块。	
（6）加入 15mL 糖浆。	
（7）加入 30mL 大红袍茶汤。	
（8）加入 30mL 牛奶和淡奶油的混合物。	
（9）加入 15mL 意式浓缩咖啡液。	

续表

<table>
<tr><th colspan="2">桂花乌龙拿铁制作过程</th></tr>
<tr><td>（10）撒上干桂花点缀出品。</td><td></td></tr>
</table>

四、试饮体会

认真观察、细心品味、讨论交流，填写评价表，总结归纳饮品的优缺点。

<table>
<tr><th colspan="5">茶饮品评价表</th></tr>
<tr><td colspan="5">饮品名称：</td></tr>
<tr><td rowspan="2">项　目</td><td colspan="4">评　价</td></tr>
<tr><td>优秀</td><td>良好</td><td>一般</td><td>不足</td></tr>
<tr><td>颜色搭配合理</td><td></td><td></td><td></td><td></td></tr>
<tr><td>装饰造型美观</td><td></td><td></td><td></td><td></td></tr>
<tr><td>香气自然，令人愉悦</td><td></td><td></td><td></td><td></td></tr>
<tr><td>口感丰富，有层次感</td><td></td><td></td><td></td><td></td></tr>
<tr><td>顺滑不涩口</td><td></td><td></td><td></td><td></td></tr>
<tr><td>甜度适口，不腻人</td><td></td><td></td><td></td><td></td></tr>
<tr><td>风味平衡</td><td></td><td></td><td></td><td></td></tr>
<tr><td>回味悠长</td><td></td><td></td><td></td><td></td></tr>
<tr><td colspan="5">优点：</td></tr>
<tr><td colspan="5">不足：</td></tr>
<tr><td colspan="5">对你的启发：</td></tr>
<tr><td colspan="5">配方改良建议：</td></tr>
</table>

五、茶饮推介

（一）茶签制作

大红袍乌润壮结，被称为“茶中状元”，茶签的设计中可融入红色、褐色系元素，展现热烈的氛围与厚重的底蕴，白色乳制品调和画面协调感。若突出产地风貌，

则可以加入产地画面或信息。若在特定节日热推此款饮品，则可加入节日元素。另需标注产品名称、风味特点、健康指数等信息，若增强品牌的记忆点需加入品牌 logo、宣传语等信息。

（二）推介词撰写

桂花乌龙拿铁推介词

精选武夷山大红袍，搭配意式浓缩咖啡。当传统茶遇见现代咖啡艺术，不仅增添了饮品的浓厚层次，更是一场跨越时空的对话，让经典与创新在舌尖上碰撞出火花。加入新鲜优质的乳制品，口感更加丝滑细腻。桂香悠然，与茶香、咖啡香交织缠绵，仿佛漫步于桂花盛开的林间小径，每一步都踏着芬芳，每一口都是对生活的热爱与赞美。

相关知识

一、大红袍名丛珍品

大红袍是中国十大名茶之一，是福建省武夷岩茶中的名丛珍品。武夷山独特的丹霞地貌、适宜的气候和土壤条件为大红袍的生长提供了优良环境。九龙窠是大红袍的著名产地，峡谷两侧悬崖峭壁，茶树生长在山间崖壁、石缝石隙之间，有着“岩岩有茶，非岩不茶”的说法。该地区年均降水量高、云雾多、空气湿度大、土壤富含有机物质。2006 年，武夷岩茶大红袍制作技艺被列为首批“国家级非物质文化遗产”，包括大红袍制作技艺在内的中国传统制茶技艺及其相关习俗于 2022 年又被列入“联合国教科文组织非物质文化遗产名录”。

二、大红袍的分类

狭义大红袍：指九龙窠大红袍母树采用无性扦插繁育的茶树原料制成的岩茶，

即纯种大红袍。

拼配大红袍：也称商品大红袍，是将武夷山不同名丛中挑选适合的品种进行人为拼配而成的茶。拼配时会选择香气、水厚韵足，稳定性较强的品种，拼配大红袍独特的配方呈现出不同的香气和口感。

三、大红袍的品质特征

干茶：条索紧结，色泽乌褐润。

汤色：冲泡后汤色橙红明亮。

香气：花香馥郁，香高持久。

滋味：滋味醇厚，有特殊的“岩韵”，回甘强烈。

叶底：叶片红绿相间，“三红七绿”，有绿叶红镶边之美感。

四、拿铁简介

拿铁（Latte）在意大利语里原意为“牛奶”。拿铁咖啡（Latte Coffee）是一种由浓缩咖啡和牛奶混合而成的经典咖啡饮品。它的做法是一份意式浓缩咖啡液中缓缓倒入蒸煮过的热牛奶，一般是 1/3 的浓缩咖啡加 2/3 的鲜奶。实际上加入牛奶的量并非固定不变，可以根据个人的口味偏好进行灵活调整。

拿铁系列饮品因其丰富的口感层次与多样化的风味广受消费者青睐。目前，市场上出现了一系列创新的拿铁饮品，如红豆拿铁、燕麦拿铁、红茶拿铁、抹茶拿铁等，这些饮品虽名为“拿铁”却并不含咖啡成分，保留了传统拿铁饮品的顺滑与细腻，更融入了红豆的甜美、燕麦的醇厚以及不同茶叶的香醇，为消费者的味蕾带来个性化的享受。

训练与拓展

1. 知识巩固

• 填空题

（1）武夷山独特的 ________、________ 和 ________ 为大红袍的生长提供了优良环境。

（2）大红袍的产地是 ________ 省 ________ 市。

• 选择题

（1）大红袍冲泡温度为（　　）。

A. 60 ~ 80℃　　B. 80 ~ 90℃　　C. 95℃　　D. 100℃

（2）大红袍的滋味具有特殊的（　　）。

A. 兰韵　　B. 音韵　　C. 岩韵　　D. 蜜韵

• 判断题

（1）拼配大红袍时会选择香气、水厚韵足，稳定性较强的品种，拼配的独特配方会呈现出不同的香气和口感。（　　）

（2）乌龙茶为不发酵茶类。（　　）

2. 技能精进

制作一杯桂花乌龙拿铁热饮，尝试自主调整配方，融合牛奶时可采用咖啡拉花技巧，在绵密的奶泡上制作出拉花图案（假设你在咖啡课学过咖啡拉花）。也可以运用桂花酱或乌龙茶粉，在奶泡表层绘制汤面画，增添视觉与味觉的双重享受。

3. 领域拓展

• 流沙桂花乌龙拿铁

相同的原料，不同的出品状态，饮品的口感不尽相同。请制作一杯流沙版的桂花乌龙拿铁。

制作小贴士

流沙是一种以冰块为主要原料制成的冰饮，入口即化，口感细腻。

准备材料：浓缩咖啡、冰块、牛奶、糖浆、鲜奶油（配方含量自拟）。

制作步骤：

- 萃取浓缩咖啡液冷却至室温。
- 将冰块放入搅拌机中，打碎成流沙状。
- 加入冷却的浓缩咖啡、牛奶、糖浆，搅拌均匀。

学习评价

内容		评价								
评价项目	评价要素	自评			互评			教师评		
		优秀	较好	待改进	优秀	较好	待改进	优秀	较好	待改进
专业知识	大红袍的品质特征									
	大红袍的分类									
	乌龙茶茶底调饮流程									
专业能力	乌龙茶的冲泡									
	桂花乌龙拿铁的调制									
通用能力	协作能力									
	创新能力									
	语言表达能力									
	审美能力									
情感态度	执着专注									
	精益求精									
	一丝不苟									
	追求卓越									
备注	优秀（5分）；较好（3～4分）；待改进（0～2分）									

参考答案

任务二　茉莉微醺

将茶的清雅与酒的醇厚巧妙交织，创造出一种既传统又前卫的饮品新风尚。这种跨界尝试挑战了人们对于传统饮品的认知边界，更将茶文化的内敛与酒文化的热烈相互映衬，为品饮者带来独特的感官享受和精神慰藉。

任务描述

经过广泛的客户试饮调查，桂花乌龙拿铁凭借其独特的风味赢得了高达 86% 的受众喜爱，这一反馈无疑是对佳茗创意与努力的极大肯定。受此鼓舞，佳茗继续探索茶与不同元素之间搭配的无限可能。这一次，她以清新雅致的茉莉花茶为基底，推出“茉莉微醺”。这款饮品不仅保留了茉莉花茶的清新芬芳，更融入了微妙的酒精元素，每喝一口就仿佛在花香中轻轻摇曳，带给人一丝不易察觉却又恰到好处的陶醉感。

任务分析

茶与酒的结合不仅丰富了产品的文化内涵，也提升了产品的附加值，消费者通过体验产品，能深刻感受到中国传统文化的魅力。茶与酒的香气、滋味差异较大，如何在保持各自特色的同时，实现口感的和谐与平衡是成功制作一款茶酒饮品的关键。

“茉莉微醺”采用高档茉莉花茶与白兰地调和而成，茉莉花茶香气清雅，鲜灵高锐；白兰地酒体饱满，香醇顺滑。在茉莉花茶中加入适量的白兰地，茶的醇厚可以中和酒的刺激，而酒的甘冽又能提升茶的层次感。这种平衡使得饮品既保留了茶的清新与回甘，又增添了酒的醇厚与丰富。此款饮品制作需要注意茉莉花茶茶汤的冲泡技术、酒品与茶的搭配、糖浆的用量及装饰等。

任务实践

一、原料、辅料（以 2 杯 160mL 的高脚香槟杯出品为例）

材料名称	数量	茉莉微醺
茉莉银针	7g	
热水（85℃）	120mL	
冰块	130g	
白兰地	30mL	
糖浆	20mL	
柠檬	1 颗	

二、制作器具

萃茶壶、出品杯、捣棒、量杯、盎司杯、托盘等。

三、制作过程

茉莉微醺制作

茉莉微醺制作过程		
（1）称取 7g 九窨茉莉银针，用 120mL 热水冲泡茶叶。浸泡 7 分钟后过滤获得茶汤，加入 30g 冰块冷却。		
（2）将柠檬切 2～3 片，去除果核放入容器中，用捣棒捣出柠檬汁。		
（3）加入 100g 冰块和 20mL 糖浆。		
（4）加入 120mL 茶汤、30mL 白兰地。		

续表

茉莉微醺制作过程	
（5）摇匀。	
（6）出品并装饰。	

四、试饮体会

认真观察、细心品味、讨论交流，填写评价表，总结归纳饮品的优缺点。

茶饮品评价表				
饮品名称：				
项　目	评　价			
	优秀	良好	一般	不足
颜色搭配合理				
装饰造型美观				
香气自然，令人愉悦				
口感丰富，有层次感				
顺滑不涩口				
甜度适口，不腻人				
风味平衡				
回味悠长				
优点：				
不足：				
对你的启发：				
配方改良建议：				

五、茶饮推介

（一）茶签制作

选用淡雅的白色、浅米色、浅绿、灰绿等色调，象征茉莉花的纯洁与高雅。在图案的设计上，可以融入针形茶叶及茉莉花不同开放的形态以营造清新氛围。居中放置“茉莉微醺”字样，字体采用优雅的手写体或书法体，体现饮品的独特与品味。

名称下方可添加一行副标题，如“花香与酒香的完美邂逅”，并以简洁文字概括饮品特点。在卡片一角添加品牌或产品的二维码，扫描内容可以是列出饮品的主要配料和成分，如“茉莉花、白兰地、纯净水等”，让消费者了解产品的成分构成。也可以是跳转至产品详情页或购买页面，提升购买便利性。

（二）推介词撰写

茉莉微醺推介词

晨曦微露，露珠轻吻着绽放的茉莉，空气中弥漫着清新雅致的香气。当这份自然的灵韵邂逅白兰地那细腻而醇厚的韵味，如同夏夜微风中轻轻摇曳的花瓣，既不失传统酒品的深邃，又增添了前所未有的清新与雅致。

相关知识

一、九窨茉莉银针简介

九窨茉莉银针是传统茉莉花茶中的珍品，选用银针茶芽与茉莉鲜花历经九次繁复窨制过程融合而成。其外形饱满圆润，条索肥壮，表面满覆白毫，彰显其高品质。内含丰富的氨基酸成分，赋予了茶汤鲜爽甘美的独特口感。

二、九窨茉莉银针制作工艺

窨制次数多：所谓“九窨”，就是将茶坯与茉莉花进行九次窨制。每次窨制都要经过鲜花养护、拌和窨花、收堆续窨、筛花分离、复火干燥等复杂工序，一个完整窨次至少耗时三天，九窨则需要近一个月的时间。

工艺难度高：整个制作过程中对温度、湿度、时间等因素的把控都非常严格。例如，在窨制前需要对茉莉花进行摊凉、捡剔等处理。窨制的过程中要掌握好茶坯和茉莉花的比例、堆放的厚度等，以确保茶叶能够充分吸收茉莉花的香气。

三、九窨茉莉银针冲泡方法

清饮法冲泡如下：

备具：准备好透明的玻璃杯或盖碗，容量 110 ~ 130mL，以便欣赏茶叶的形态和汤色。

温杯：用热水冲洗茶具，提高茶具的温度。

投茶：取 5g 的九窨茉莉银针茶叶放入茶具中。

注水：最好使用纯净水，避免使用自来水，以免影响茶汤的口感。将 90℃左右的热水缓慢注入茶具中，注意水流要轻柔，避免直接冲击茶叶。水温过高会破坏茶叶的香气和口感，水温过低则会影响茶叶的浸出率。

浸泡：每泡 10 ~ 15 秒出汤，3 泡后可适当延长浸泡时间。

品饮：小口啜饮，感受茶汤的香气和滋味。

四、九窨茉莉银针的品质特征

外形：干茶呈银针状，肥壮的嫩芽色泽绿润，满披白毫，颜值颇高，具有观赏价值。

香气：香气鲜灵馥郁、悠长持久。经过九次窨制，茉莉花的香气充分渗透到茶坯中，既有绿茶的清香也有茉莉花的芬芳。

汤色：冲泡后茶汤浅杏黄，清澈透亮。

滋味：滋味鲜爽醇正，回甘明显，清爽宜人。

叶底：茶芽柔嫩匀整。

五、白兰地简介

白兰地是一种烈性蒸馏酒，以水果为原料，主要以葡萄为主，经发酵、蒸馏、橡木桶陈酿、调配等工序酿造而成，酒精度数一般为 40°。以葡萄为原料的白兰地通常可以简称白兰地，以苹果为原料的白兰地称为苹果白兰地，以樱桃为原料的白兰地称为樱桃白兰地。

白兰地主要产区在法国干邑和雅文邑、西班牙的赫雷斯和佩内德斯、美国加州以及南美皮斯科。白兰地的风味丰富多样，从清新的果香到复杂的橡木香，品鉴白兰地时，可以观察其色泽，闻其香气，品尝其口感，并体会其悠长的回味。

训练与拓展

1. 知识巩固

• 填空题

（1）茉莉花窨制过程中要掌握好 ________ 和 ________ 的比例、________ 等，以确保茶叶能够充分吸收茉莉花的香气。

（2）白兰地属于 ________ 酒。

• 选择题

（1）九窨茉莉银针是传统茉莉花茶中的珍品，选用（　　）与茉莉鲜花历经九次繁复窨制过程融合而成。

A. 银针茶芽　　B. 一芽一叶　　C. 一芽二叶　　D. 一芽三叶

（2）以下哪种描述最准确地反映了“茉莉白兰地饮品”的特点？（　　）

A. 它是一种完全由茉莉花和酒精混合而成的饮品，口感浓烈

B. 它是一种结合了茉莉花香气与白兰地口感的创新饮品，融合了花香与酒香

C. 它是一种仅含白兰地成分，不含任何茉莉花元素的饮品

D. 它是一种只含有茉莉花茶和白砂糖，不含酒精的饮品

• 判断题

（1）茶与酒的结合不仅丰富了产品的文化内涵，也提升了产品的附加值。（　　）

（2）“茉莉微醺”既保留了茉莉花的清新香气，又融入了白兰地的醇厚口感，使得整体风味更加丰富和复杂。（　　）

2. 技能精进

分组进行摇和技法练习并掌握摇和技法。完成练习后，各小组进行反馈讨论，分享各自的练习心得和遇到的问题。根据反馈结果，调整摇和的力度和手法，进行再次练习，以达到更好的效果。

3. 领域拓展

• 茉莉小白 / 朗姆微醺

九窨茉莉花茶茶汤与不同的酒品配搭，如与重庆江小白、朗姆酒（RUM）搭配会出现怎样的变化，请大家尝试为鲜灵的茉莉花茶寻找另类搭档。

• 重庆特调

“好大一座重庆城，到处都有热心人。”重庆是一座热情的城市，来重庆 City

Walk 的游客逐年增多，让到重庆的朋友通过一杯“重庆特调”感受热烈、高香、回味。请大家结合所学，以茶、酒、水果、香料融合一杯代表 8D 魔幻之都的调饮。

学习评价

内容		评价								
评价项目	评价要素	自评			互评			教师评		
		优秀	较好	待改进	优秀	较好	待改进	优秀	较好	待改进
专业知识	九窨茉莉银针品质特征									
	九窨茉莉银针加工工艺									
	茉莉微醺调饮流程									
专业能力	九窨茉莉银针的冲泡									
	茉莉微醺饮品的调制									
	调饮技法——摇和									
通用能力	协作能力									
	创新能力									
	语言表达能力									
	审美能力									
情感态度	执着专注									
	精益求精									
	一丝不苟									
	追求卓越									
备注	优秀（5分）；较好（3～4分）；待改进（0～2分）									

参考答案

任务三　茶颜阿芙佳朵

阿芙佳朵（Affogato），源自意大利的经典甜品，其名“Affogato”在意大利语中意指“淹没”，形象地描绘了香浓热咖啡缓缓覆盖于冰激凌之上的美妙景象，亦寓意着这是一种美味至极、令人沉醉的美食体验。历经时光的流转，阿芙佳朵风靡全球，各地根据其独特风味与食材进行创新演绎。

任务描述

随着人们对健康品质生活的不断追求，抹茶产品以其独特的清新口感与丰富的营养价值，逐渐成为饮品市场的新宠。佳茗受到浓缩咖啡液浇灌冰激凌的经典阿芙佳朵启发，将这一理念巧妙地应用于抹茶，创造出独特的阿芙佳朵，命名为“茶颜阿芙佳朵”。

任务分析

一杯茶颜阿芙佳朵主要由抹茶液和冰激凌构成。冰激凌的口味，如香草、巧克力、草莓等可以根据客人的喜好随时选取并进行搭配，抹茶液的制作则是一杯既美观又美味的茶颜阿芙佳朵的关键。抹茶液的风味、浓度以及温度都能直接影响到最终饮品的口感和品质。

任务实践

一、原料、辅料

材料名称	数 量	茶颜阿芙佳朵
抹茶粉	3g	
热水（80℃左右）	80mL	
冰激凌球	1 ～ 2 颗	
糖浆	10mL	
竖棍饼干	2 根	
奥利奥碎	20g	

二、制作器具

茶盏、茶筅、热水壶、茶筛、茶匙、出品杯、盎司杯等。

三、制作过程

茶颜阿芙佳朵制作

茶颜阿芙佳朵制作过程		
（1）温茶盏、茶筅，以提高器具温度，激发茶香和滋味。		
（2）称取 3g 抹茶粉，过筛放入抹茶碗。		
（3）缓慢注入约 10mL 热水，搅拌成糊状，挂壁且没有颗粒的状态。		
（4）碗内环壁注入剩余热水，再加入糖浆，茶筅在水中从中间划到碗沿，整体划一圈，再按照 M 或者 W 字形轨迹，快速不间断搅拌 2 ~ 3 分钟，汤面出现丰富细密泡沫时轻轻抽出茶筅。	 	

续表

茶颜阿芙佳朵制作过程		
（5）将奥利奥碎平铺在出品杯底，放入 1 ~ 2 颗冰激凌球（注意：冰激凌球越圆、越实、越饱满为佳）。		
（6）将调制好的抹茶液缓缓地淋在冰激凌球上，冰激凌球与抹茶液相互交融。		
（7）在侧边插入竖根饼干，可根据喜好放一片清香木或三色堇花朵作为装饰。		
备注：调制过程符合《GB 12695—2016 食品安全国家标准 饮料生产卫生规范》		

饮品制作注意事项如下：

1. 抹茶粉选择

抹茶粉的品质直接影响最终饮品的口感、香气和色泽。建议初学者一般选择有良好声誉和悠久历史的品牌，这些品牌通常更注重产品的品质和口感。高品质的抹茶粉价格相对较高，也应根据自己的预算和需求来选择性价比合适的抹茶粉。

2. 水温

抹茶的水温很重要，通常建议使用 80℃左右的热水。过热的水会破坏抹茶的风味和口感，而过冷的水则无法充分溶解抹茶粉。

3. 注水

从经营角度来讲，制作抹茶液讲究实效性。快速且高效地制作抹茶液对于提升顾客满意度和运营效率至关重要。一次性注水并快速搅拌可以缩短制作时间，提高出品速度。但初学者可分多次注入热水，每次注入后观察搅拌程度和抹茶液的变化。这样做有助于更好地掌握搅拌的节奏和力度以及抹茶粉与水的融合程度，并及时做出调整。初学者可通过多次练习逐渐提升自己的抹茶制作技能，为快速且高效地制作抹茶液打下基础。

4. 手法

打抹茶时，茶筅需放在碗底上方，尽量不触碰碗底；使用手腕的力量带动手指，以匀速且快速的方式搅拌，而不是单纯地使用手臂或手指的力量，以防手臂疲劳。

5. 完成标志

汤面出现丰富的细密泡沫是搅拌完成的重要标志。这些泡沫应该细小且均匀，经久不散，呈现出抹茶特有的光泽和质感。

四、试饮体会

试饮测试口感，细心品尝，认真观察，相互交流，填写评价表，总结归纳饮品的优缺点。

<table>
<tr><th colspan="5">茶饮品评价表</th></tr>
<tr><td colspan="5">饮品名称：</td></tr>
<tr><td rowspan="2">项　目</td><td colspan="4">评　价</td></tr>
<tr><td>优秀</td><td>良好</td><td>一般</td><td>不足</td></tr>
<tr><td>颜色搭配合理</td><td></td><td></td><td></td><td></td></tr>
<tr><td>装饰造型美观</td><td></td><td></td><td></td><td></td></tr>
<tr><td>香气自然，令人愉悦</td><td></td><td></td><td></td><td></td></tr>
<tr><td>口感丰富，有层次感</td><td></td><td></td><td></td><td></td></tr>
<tr><td>顺滑不涩口</td><td></td><td></td><td></td><td></td></tr>
<tr><td>甜度适口，不腻人</td><td></td><td></td><td></td><td></td></tr>
<tr><td>风味平衡</td><td></td><td></td><td></td><td></td></tr>
<tr><td>回味悠长</td><td></td><td></td><td></td><td></td></tr>
<tr><td colspan="5">优点：</td></tr>
<tr><td colspan="5">不足：</td></tr>
<tr><td colspan="5">对你的启发：</td></tr>
<tr><td colspan="5">配方改良建议：</td></tr>
</table>

五、茶饮推介

（一）茶签制作

茶签的设计可融入抹茶元素，如抹茶绿的主色调、抹茶粉的图案或纹理等，来突出以抹茶为茶底的茶颜阿芙佳朵的特色。可以在茶签上绘制阿芙佳朵的简化形象，如冰激凌球与抹茶的结合，以直观地展示产品特点。

选择环保、可降解的材质制作茶签，如竹签或纸质材料，以符合现代人对环保的要求。茶签的形状可以设计成与抹茶阿芙佳朵相关的形状，如冰激凌球形状、圆锥形等，以增加趣味性和辨识度。

（二）推介词撰写

> **茶颜阿芙佳朵推介词**
>
> 每一缕茶香都缠绕着油滑细腻的冰激凌，每一口都如同探索未知的宝藏，不仅满载着惊喜，更是一场令人陶醉的视觉盛宴。抹茶的翠绿与冰激凌的洁白，在盘中轻舞，勾勒出一幅清新雅致的画卷，等待着您的味蕾去细细品味。

相关知识

一、抹茶的定义与起源

《GB/T 34778—2017 抹茶》指出：抹茶是采用覆盖栽培的茶树鲜叶经蒸汽（或热风）杀青后、干燥制成的叶片为原料，经研磨工艺加工而成的微粉末状茶产品。

唐朝陆羽所著《茶经》中有记载：“饮有粗茶、散茶、末茶……” 这说明当时茶饮的形式多样，其中末茶就是当今人们所推崇的抹茶，即将蒸青绿茶研磨成细腻的粉末后饮用，这种饮茶方式早在唐朝已经存在。到了宋朝，茶饮文化达到了新的高峰，点茶成为当时流行的饮茶方式，宋朝人使用石磨将优质的蒸青绿茶研磨成细腻的粉末，这一步骤与抹茶的制作过程相似；随后，用茶筅在茶碗中搅打出丰富的泡沫。那时，在遥远的东瀛（日本），人们对抹茶还一无所知。直到宋朝，日本的荣西法师来到中国求学，将中国茶文化带回日本，并带回了中国的茶种，同时将其所学的点茶技艺传授给日本的僧人和贵族，抹茶文化才开始在日本生根发芽。

二、抹茶的冲泡方法

抹茶韵味独特，口感浓郁细腻，微妙的苦涩之后是悠长的回甘。抹茶的冲泡需要一定技巧，一般会使用茶筅搅拌，使抹茶充分溶解在水中，以获得最佳的口感和风味。宋徽宗赵佶的《大观茶论》，作为中国古代茶文化的瑰宝，其中详细记载了七汤点茶法，这一技法不仅体现了宋代点茶的高超技艺，也为后世抹茶冲泡提供了宝贵的参考。参照七汤点茶法，将抹茶的冲泡方法总结如下：

准备材料：抹茶粉、热水（80℃左右）、茶筅、茶碗。

温碗：将开水倒入茶碗中，用茶筅轻轻搅动，使茶碗和茶筅均匀受热，然后将水倒掉。目的是使其保持一定的温度，有利于抹茶泡沫的形成和保持。

调膏：称取3g抹茶粉，过滤后倒入碗内，缓缓加入少量热水，用茶筅轻轻搅拌，直至抹茶粉完全溶解并形成浆糊状，以能挂在碗内壁不流动为宜。调膏是点茶的重要步骤，直接关系到抹茶粉能否在水中均匀分散，从而避免抱团现象，确保最终的口感和外观都达到理想状态。

点茶：沿碗内环壁注入热水，可少量多次注入，每次注入后茶筅以“W”字形的手法进行击拂，当泡沫达到理想的厚度和细腻度时，即可停止搅拌。

需要注意的是，七汤点茶法体现了古代茶文化精神的深刻内涵，凝聚了古人对点茶的极致追求。在当今社会，尤其是饮品店的抹茶制作中，可以借鉴七汤点茶法的精髓，但不宜生搬硬套，需要根据实际口感需求和时间成本进行灵活运用和调节。

三、抹茶与绿茶的区别

抹茶是绿茶的一种特殊形式，两者在制作工艺、原料选择、口感和用途等方面都存在显著差异。

原料选择：抹茶精选特定的优质绿茶鲜叶，采摘前的20天左右对其进行遮荫覆盖，从而提高茶叶的氨基酸和叶绿素含量，使得抹茶具有独特的香气、色泽和口感。

制作工艺：抹茶的制作工艺更加精细，蒸汽杀青、干燥、去除茎脉等工序后，用石磨或球磨机将茶叶粉碎成细微粉末。绿茶的制作工艺则相对简单，主要包括杀青、揉捻和干燥等步骤。

口感：抹茶的口感醇厚而微甜，香气浓郁。绿茶的口感则相对清新，鲜爽。二者都具有良好的回甘力。

用途：抹茶主要用于茶道、烘焙食品等高端场合。而绿茶则更适合日常饮用和大众消费。

四、“抹茶+”风味搭配

抹茶因其独特的色泽、香气和风味，与多种食材都能形成美妙的搭配，从而制作出多样化的调饮。将抹茶与牛奶搭配可以制成经典的抹茶拿铁，如果喜欢椰香口感可加入椰乳制成抹茶椰乳拿铁。在抹茶拿铁的基础上加入咖啡液，可以制作出更加浓郁的抹茶咖啡拿铁。使用燕麦奶代替传统牛奶，与抹茶和咖啡结合，可制作出香浓的抹茶燕麦拿铁。抹茶还可以与其他茶类如乌龙茶搭配制作出具有乌龙茶风味的抹茶拿铁，与杧果、凤梨等热带水果及其果汁搭配，可制作水果风味抹茶牛乳茶。

五、装饰的运用

装饰在一杯饮品中起到提升风味、愉悦精神的作用。制作装饰的原则以美观雅致、精简舒适为宜，不画蛇添足，不喧宾夺主。装饰物一般选择饮品中含有的，或者同色系的，或者对比色系的东西，如在抹茶阿芙佳朵中，将抹茶粉、开心果碎、清香木叶片撒在上面作为装饰，装饰物也可以视为画面的延伸，比如绿色叶片上开出小花，绿色树木下一片奥利奥碎作为大地，不仅增加风味、吃法，还能增加画面感。

训练与拓展

1. 知识巩固

• 填空题

（1）抹茶是采用 ________ 栽培的茶树鲜叶经过蒸汽（或热风）杀青、干燥制成的叶片为原料。

（2）抹茶阿芙佳朵是一款结合了抹茶与 ________ 的创新饮品，为消费者带来了独特的味觉享受。

• 选择题

（1）阿芙佳朵（Affogato）起源于意大利。“Affogato”一词在意大利语中的原意是（　　）。

A. 淹没　　B. 浸泡　　C. 花朵名　　D. 美好

（2）抹茶与绿茶的主要区别是什么？（　　）

A. 原料不同　　B. 制作工艺不同

C. 口感和用途不同　　D. 以上都是

• 判断题

（1）抹茶韵味独特，口感浓郁细腻，微妙的苦涩之后是悠长的回甘。抹茶的冲泡需要一定技巧，一般会使用茶筅搅拌，使抹茶充分溶解在水中，以获得最佳的口

感和风味。（　　）

（2）抹茶精选特定的优质绿茶鲜叶，采摘前的20天左右对其进行遮荫覆盖，从而提高茶叶的氨基酸和叶绿素含量，使得抹茶具有独特的香气、色泽和口感。（　　）

2. 技能精进

• 调饮基本技法——抹茶基底液

称取3g抹茶粉，过滤后倒入碗内，缓缓加入少量热水，用茶筅轻轻搅拌，直至抹茶粉完全溶解并形成浆糊状，以能挂在碗内壁不流动为宜。调膏是点茶的重要步骤，直接关系到抹茶粉能否在水中均匀分散，从而避免抱团现象，确保最终的口感和外观都达到理想状态。分组练习，同学之间相互监督与指导，完成组内互评。

3. 领域拓展

• 抹茶拿铁制作

以抹茶基底液、牛奶、糖浆、冰块（材料重量根据出品杯容量和喜好自拟）为原料，结合前课和本课内容所学，制作一杯抹茶拿铁，设计饮品主题，为饮品命名，并撰写饮品推介词。

学习评价

内容		评价								
评价项目	评价要素	自评			互评			教师评		
		优秀	较好	待改进	优秀	较好	待改进	优秀	较好	待改进
专业知识	抹茶的定义和起源									
	“抹茶＋”风味搭配									
	抹茶基底液的制作流程									
专业能力	抹茶的制作									
	茶颜阿芙佳朵的制作									

续表

内容		评价								
评价项目	评价要素	自评			互评			教师评		
		优秀	较好	待改进	优秀	较好	待改进	优秀	较好	待改进
通用能力	协作能力									
	创新能力									
	语言表达能力									
	审美能力									
情感态度	执着专注									
	精益求精									
	一丝不苟									
	追求卓越									
备注	优秀（5分）；较好（3～4分）；待改进（0～2分）									

参考答案

项目九

茶饮新纪元
门店新风尚

思维导图

项目九 茶饮新纪元 门店新风尚

- 任务一 新茶新意
  ——新中式茶饮营销
- 任务二 智启未来
  ——AI 赋能个性化门店

学习目标

- 理解4P等经典营销组合的内容。
- 理解人工智能（AI）的基本概念和主要应用领域。
- 能够运用营销组合制定切实可行的营销策略。
- 能够借助AI等智能工具提升个人营销能力。
- 培养积极的学习态度，不断探索和学习新知识。
- 通过学习和实践，增强个人在AI领域的自信心和成就感。
- 保持创新精神以应对不断变化的市场环境，提高在市场环境中的灵活性和适应性。

新中式茶饮市场中，新口味、新品类产品层出不穷。与此同时，产品同质化问题也日益显著。针对这一现状，采取高效且富有创意的营销策略，成为品牌在众多竞争者中脱颖而出的关键。而数字化、新媒体营销手段以及人工智能工具的应用，成为品牌提升市场竞争力、实现差异化营销的重要途径。

任务一　新茶新意
——新中式茶饮营销

新中式茶饮营销，以传承与创新为核心，巧妙融合传统文化元素与现代审美趋势，通过高品质的原料选择、精致的包装设计以及线上线下相结合的营销策略，吸引消费者的目光，提升市场竞争力。

任务描述

当前，新中式茶饮广受年轻人的喜爱，佳茗结合传统茶文化与现代消费趋势，对原有菜单进行优化，推出新中式茶饮系列产品。为了让店里的产品在众多新茶饮店中脱颖而出，快速占领市场份额，经理让佳茗制作一份新中式茶饮营销策划书。

任务分析

在竞争激烈的市场中，良好的营销策略能直接推动品牌的成长和销售业绩的提升。通过制定和执行有效的营销策略，品牌可以在竞争激烈的市场中脱颖而出，提升市场影响力和消费者认知度，进而实现销售和业绩的持续增长。在制定营销策略时，从产品、价格、促销、渠道这四个核心方向入手，能够确保策略的精准定位与有效执行，从而推动品牌的成长和销售提升。

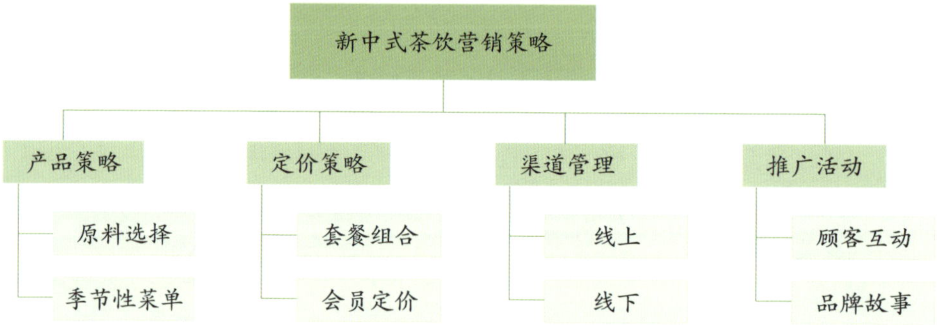

新中式茶饮营销策略

一、产品策略

产品：原材料的选择直接关系到饮品的口感与品质，通过不断创新原材料的应用，能够确保新中式茶饮产品在激烈的市场竞争中脱颖而出。

策略：选用优质茶叶、鲜奶、新鲜水果等天然食材，确保产品的口感和品质。与供应商建立长期合作关系，确保原料的稳定供应和品质控制。注重研发具有独特风味的茶饮产品，如结合地方特色、季节变化或文化元素进行创新。推出限量版或节日特别饮品，增加产品的稀缺性和吸引力。

二、定价策略

定价：定价策略直接影响消费者的购买决策，它不仅反映了消费者对品牌和产品的认可度，还是企业实现经营目标的关键一环。合理的定价应当确保既能覆盖成本，又能为企业带来稳定的盈利，进而支撑企业的长期发展与市场竞争力。

策略：

成本加成定价法。需要准确计算产品的直接成本（如原料、人工、包装等）和间接成本（如租金、水电费、管理费等）。根据企业的盈利目标和市场情况，确定一个合理的成本加成比例。这个比例通常基于行业平均水平、企业自身的成本效率以及市场竞争状况等因素。最终定价是将直接成本和间接成本相加，再乘以加成比例，得出最终的销售价格。简化公式为：售价 =（原料 + 人工 + 间接成本）×（1+ 利润率）。

这种方法适用于奶茶、果茶、咖啡、调饮等现制饮品的快速定价。

市场导向定价法。通过市场调研了解目标消费群体的购买能力、消费习惯以及价格敏感度。分析竞争对手的定价策略，包括价格区间、促销活动、折扣力度等。根据市场调研和竞争对手分析的结果，制定差异化的定价策略。例如，如果目标消费群体对价格较为敏感，可以考虑采取低价策略；如果目标消费群体注重品质和体验，则可以采取高价策略。

价值导向定价法。根据品牌价值和产品价值制定符合消费者预期的定价策略。这种方法旨在通过高价传递高品质和高附加值的品牌形象。

三、促销策略

促销：提升产品的知名度和销售额，分析顾客的评价和反馈，可以及时了解市场的需求和变化，从而调整产品和营销策略。

策略：利用中国传统文化元素，如茶叶、节气、节日等与品牌故事结合，树立品牌形象；借助重大节日、活动或事件进行营销，如推出限量版产品、举办展演活动等，吸引消费者关注和购买；开展体验式营销，鼓励顾客互动分享自己的消费体验，如在社交媒体上晒图、写评价等，可以有效地利用口碑效应吸引新顾客。

四、渠道策略

渠道：确保产品有效地送达消费者手中，并影响消费者的购买体验和品牌忠诚度。多渠道布局能够帮助新茶饮品牌占据更多市场份额，提升竞争力。

策略：新中式茶饮店的渠道营销策略需综合考虑线上线下优势，通过精准门店布局、合作联盟、优质服务提升线下体验。利用电商平台、社交媒体、官方网站拓展线上市场，同时融合线上线下渠道，运用大数据分析、会员制度等增强顾客黏性，不断优化策略以满足顾客需求，提升品牌知名度和市场竞争力。

任务实践

一、完成市场调研

为了解顾客对茶饮口味的偏好、消费习惯、品牌认知等方面的信息，需进行社会调研。设计一系列开放性和封闭性问题，确保既能收集到量化数据，也能获取到顾客的质性反馈。

新茶饮市场需求调研表

调研部分	问题或指标	选项或描述
基本信息	1. 性别	男 女
	2. 年龄	18 岁以下 18 ~ 24 岁 25 ~ 34 岁 35 岁以上
	3. 职业	学生 上班族 自由职业者 其他
	4. 月均茶饮消费	0 ~ 300 元 300 ~ 600 元 600 ~ 900 元 900 元以上
消费习惯	5. 每周消费新茶饮的频率	0 次 1 ~ 2 次 3 ~ 4 次 5 次及以上
	6. 每次消费的金额范围	0 ~ 10 元 11 ~ 20 元 21 ~ 30 元 31 ~ 40 元 40 元以上
	7. 最喜欢的茶饮类型	奶茶系列 水果茶系列 奶盖茶系列 芝士茶系列 其他（请说明）
	8. 您购买茶饮时，最看重的因素	口味 价格 品牌 健康成分 包装设计 店铺环境其他（请说明）
品牌认知	9. 熟悉哪些新茶饮品牌	喜茶 奈雪的茶 蜜雪冰城 茶颜悦色 其他（请说明）
	10. 选择新茶饮品牌时最看重的因素	口味 品牌知名度 价格 服务 创新 健康成分 其他
营销接触	11. 通常通过哪些渠道了解新茶饮信息	社交媒体 朋友推荐 广告 线下活动 其他（请说明）
	12. 是否参与过品牌营销活动	是 否 如果是，请描述活动类型
用户反馈	13. 对新茶饮的总体满意度	非常满意 满意 一般 不满意 非常不满意
	14. 认为新茶饮行业需要改进的地方	产品质量 价格 服务 创新 健康性 其他（请说明）
营销策略建议	15. 希望品牌采取哪些营销策略	产品打折 新品推出 跨界合作 社交媒体活动 用户反馈机制 其他（请说明）
	16. 对新茶饮品牌营销的建议	开放式回答
开放性问题	17. 对新茶饮品牌有哪些其他看法或建议	开放式回答
	18. 对于茶饮的创新，有哪些期待或建议	开放式回答
	19. 在日常生活中，茶饮扮演着怎样的角色	开放式回答

二、“柚见龙井”饮品营销策略

营销策略与方案

营销策略要素	描述与推荐方案
产品定位	1. 定位为养生类新茶饮品牌，强调传统茶与现代创新的结合。 2. 突出健康、新鲜的特点。
定价策略	成本加成法（例：柚见龙井——成本 12 元 ×（1+50%）=18 元 / 杯；琥珀流年 20 元 / 杯）。推出会员价和套餐组合定价方式（例：柚见龙井 + 琥珀流年两杯套餐 35 元 / 份）。
创新方向	1. 研发结合龙井茶与柚子等新口味的独特茶饮。 2. 探索功能性茶饮，如低糖、排毒养颜等。 3. 结合季节性元素推出限量版产品。
包装设计	1. 包装设计融合中国传统文化元素与现代审美，使用环保材料。 2. 设计易于识别与携带的包装，适合不同消费场景。 3. 利用 AR 技术，使包装在手机上呈现互动效果，增加趣味性。
品牌故事	1. 挖掘龙井茶的文化背景，构建品牌故事。 2. 利用故事营销提升品牌情感价值和认同感。
营销渠道	1. 线上通过社交媒体、电商平台和品牌官网进行推广。 2. 线下在高级商圈、文化节等地点设立体验店。
促销活动	1. 定期举办“国家饮茶日”“茶文化活动周”“寻味西湖”“新品尝鲜”活动。 2. 推出“寻味西湖”联名产品或跨界合作，增加品牌曝光。
用户体验	1. 在线下体验店提供定制化服务，如顾客自选配料。 2. 在线上平台提供个性化推荐服务。
客户关系	1. 建立 CRM 系统，收集客户反馈，不断优化产品和服务。 2. 通过邮件营销、会员通信等方式保持客户关系。
社会责任	1. 强调环保和可持续发展理念，参与或发起“茶和天下 美美与共”公益活动。 2. 支持当地农业，使用当季新鲜蔬果。

三、“柚见龙井”饮品促销方案

“柚见龙井”促销方案

“柚见龙井”促销方案	
主题	春日集章，柚享好礼
广告语	清新柚遇，龙井之恋
	一盏茶，两份情，这是一曲柚香与茶香的自然交响乐
推广时间	4～8月
定价	28元（300mL/杯）、38元（小茶点套餐）
适饮人群	儿童、青少年、中老年
甜度	无糖、少糖、标糖、多糖
其他	常温、加冰
健康贴士	适于宜疲劳、压力大、久坐一族
活动规则	顾客每购买一杯柚见龙井，即可获得一枚专属集章。集满5枚章后，可兑换柚见龙井定制版马克杯一个或享受下次购买时的七折优惠。
执行细节	集章卡设计精美，正面印有柚见龙井的品牌 logo 和活动口号，背面则列出集章规则和奖品信息。

相关知识

一、CRM系统

CRM系统（Customer Relationship Management）是客户关系管理，旨在通过建立和维护与客户的良好关系，提高客户满意度和忠诚度。CRM系统通过集中存储和管理客户数据，帮助企业更好地理解客户需求，提供个性化服务，优化销售流程，并实现持续发展的目标。

二、经典营销理论

（一）4P 营销组合

4P 是市场营销中最基本的策略组合，由美国密歇根州立大学的杰罗姆 · 麦卡锡（Jerome Mccarthy）教授在 1960 年提出。这一理论包含了四个基本要素，即产品（Product）、价格（Price）、促销（Promotion）和渠道（Place）。通过合理运用这四个要素，企业可以制定有效的市场营销战略，提高市场竞争力。

（二）4C 营销组合

4C 营销组合是由美国营销学者罗伯特 · 劳特朋（Robert F. Lauterborn）在 1990 年提出的，这一理论强调以消费者需求为核心，重新定义了市场营销组合的四个关键要素。4C 即消费者需求（Customer needs）、成本（Cost）、便利（Convenience）和沟通（Communication）。这是一种强调以消费者需求为核心的营销理念，通过深入了解消费者需求、优化购买成本、提升购买便利性和加强沟通互动，企业可以更好地满足消费者需求，增强市场竞争优势，实现可持续发展。

（三）SWOT 分析法

SWOT 分析法是一种战略规划工具，通过对企业自身的优势（Strengths）、劣势（Weaknesses）、机会（Opportunities）和威胁（Threats）进行综合分析与评估，帮助企业制定合适的发展战略。

（四）STP 分析

STP 分析是市场营销中的一个重要理论，即市场细分（Segmentation）、目标市场选择（Targeting）和产品定位（Positioning），是指企业根据一定的标准对整体市场进行细分后，从中选择一个或者多个细分市场作为自身的目标市场，并针对目标市场进行市场定位。这一营销理论能帮助企业更精准地了解不同消费者群体的需求和特点，从而提供更符合他们需求的产品或服务。

（五）PEST 分析

PEST 分析是一种宏观环境的分析方法，它通过政治（Politics）、经济（Economy）、社会（Society）和技术（Technology）四个方面的因素来分析企业所处的外部环境，从而评价这些因素对企业战略目标和战略制定的影响。

三、数字化与新媒体营销

数字化与新媒体营销是现代营销领域的一次重大转变，它充分利用数字技术和互联网的力量，通过多样化的数字平台，如社交媒体、电子邮件、博客、搜索引擎、在线视频等，以数据驱动的方式接触目标受众，提升品牌知名度，促进销售转化。新中式茶饮在数字化与新媒体营销方面展现出了强大的创新力和影响力。

（一）数字化管理

茶饮行业通过打造数字化团队、驱动产品创新优化、依托大数据选址提升效率与精准度等方式，实现对人员、货物、供应链、场地的管理升级；进行用户数据分析，了解消费者的购买习惯和喜好。利用大数据和人工智能技术，提供个性化的产品推荐和优惠，提高营销精准度。

（二）新媒体营销

社交媒体营销：茶饮品牌通过社交媒体平台（如微信、微博、抖音等）发布关于茶饮的图片、文章、视频等，提高品牌曝光率。利用社交媒体平台的互动功能，与消费者进行实时互动，解答疑问，增强品牌亲和力。

KOL/ 网红营销：KOL 营销，即利用关键意见领袖（Key Opinion Leader，KOL）与知名度高、影响力强的社交媒体红人合作，利用他们的影响力来推广茶饮产品。

直播营销：利用直播平台进行直播带货，让消费者更直观地了解产品的制作过程、品质和特色。直播过程中与消费者进行实时互动，解答问题，进行促销活动，提高销售额。

社群营销：建立品牌的社交媒体社群，如微信群、微博群等。通过精准的社群运营，提供个性化服务，增强用户黏性。

跨界合作：与其他行业品牌进行跨界合作，如时尚、旅游、文化等。通过创新的方式提升品牌形象和知名度，吸引更多消费者关注。

训练与拓展

1. 知识巩固

• 选择题

（1）在制定营销策略时，可以从四个核心方向入手，即经典的 4P 营销组合为（　　）。

A. 产品　　B. 定价　　C. 促销　　D. 渠道

（2）茶饮品宜选用以下哪些定价策略？（　　）

A. 成本加成定价　　B. 结合需求和消费心理定价

C. 季节性灵活定价　　D. 同行参考定价

（3）以下属于新媒体营销的是（　　）。

A. 社交媒体营销　　B. 网红营销　　C. 直播营销　　D. 社群营销

• 判断题

（1）原料直接关系到饮品的口感和品质，所以不能更改原料，这样才能保障新茶饮产品营销能够在激烈的市场竞争中脱颖而出。（　　）

（2）成本加成法是将直接成本和间接成本相加，再乘以加成比例，得出最终的销售价格。（　　）

2. 技能精进

请为“琥珀流年——岩韵红袍奶茶”策划线下促销活动。

琥珀流年——岩韵红袍奶茶活动策划			
活动名称		广告语	
活动对象		推广时间	
活动设计		渠道	
适饮人群		奖品	

3. 领域拓展

• “柚见龙井”公益售卖活动策划案

2022 年 11 月，包括绿茶制作技艺（西湖龙井）在内的中国传统制茶技艺及其相关习俗被列入“联合国教科文组织非物质文化遗产名录”。佳茗制作的新式茶饮“柚见龙井”巧妙地融合了杭州西湖区龙井村的传统龙井茶与现代柚子的清新，不仅展现了茶文化的深厚底蕴，也体现了对传统文化的创新传承。世界非遗日，她准备着手非遗传承的公益售卖活动，请大家以小组为单位为这次售卖制订一份策划方案。

主题	柚见龙井　匠心传承——非遗文化公益售卖周
目标	
时间	
地点	
活动内容	
公益售卖	
线上	
线下	
宣传策略	
预算	

学习评价

内容		评价								
评价项目	评价要素	自评			互评			教师评		
		优秀	较好	待改进	优秀	较好	待改进	优秀	较好	待改进
专业知识	4P 营销组合内容									
	数字化和新媒体营销内容									
专业能力	从产品、价格、促销、渠道四方面进行营销策划									
	针对“柚见龙井”，因地制宜提供营销活动策略（线上线下）									
	新媒体营销策划									
通用能力	市场调研能力									
	沟通能力									
	团队协作能力									
情感态度	执着专注									
	精益求精									
	一丝不苟									
	追求卓越									
备注	优秀（5分）；较好（3～4分）；待改进（0～2分）									

参考答案

任务二　智启未来——AI 赋能个性化门店

AI（Artificial Intelligence，人工智能）正深刻影响着社会的各个领域，为人类社会的发展带来了前所未有的机遇和挑战。AI 也逐渐改变着人们的生活与工作方式，推动着社会向更加智能、高效的方向发展。

任务描述

佳茗负责新店筹备工作，她深知门店环境对顾客第一印象的重要性。在运营实践中，她体会到精心设计的门店视觉效果能突出品牌形象，激发消费者兴趣，创造愉悦购物体验。为此，她主动利用先进 AI 工具生成视觉效果参考图，并积极与经验丰富的室内设计师沟通，共同将创意转化为现实，为新店筹备贡献力量。

任务分析

AI 技术的快速发展正影响着各行各业，学习 AI 不仅有助于理解这些变革，还能指导我们塑造未来。新茶饮行业作为传统与现代结合的典范，与 AI 技术的融合能激发从业者兴趣，提升效率。AI 为学习者提供定制化资源和个性化路径，借助虚拟现实与增强现实技术，创造沉浸式学习环境，推动行业创新发展。利用 AI 技术进行门店效果设计，可以从以下三个关键方向打造门店的视觉效果呈现。

利用 AI 设计的门店效果图

一、环境氛围营造

色彩运用：选择符合品牌调性的颜色，利用色彩心理学影响顾客情绪，例如温暖色调可以营造舒适感，冷色系则给人清新宁静的感觉。

照明设计：合理布置灯光，既能突出重点商品，又能营造舒适的店内氛围，间接提升商品吸引力。

音乐与香氛：播放适宜的背景音乐和设置独特的店铺香气，增强感官体验，让顾客感觉更加放松和享受。

二、商品陈列

焦点区域：设立明显的焦点区，如橱窗展示、入口处或收银台旁，放置当季主打或特色商品，第一时间抓住顾客眼球。

层次分明：采用高低错落的商品摆放，避免视线单一，利用层架、挂钩、模特等多种展示道具，使空间立体丰富。

主题变换：根据季节、节日或促销活动定期更换主题陈列，保持新鲜感，刺激顾客再次光顾的兴趣。

三、创意元素融入

艺术装置：引入艺术作品或创意装饰品，不仅能美化空间，还能体现品牌文化，增加话题性。

互动体验：设置互动区域或体验角，如自助冲泡体验区，增强顾客参与感和乐趣，延长停留时间。

绿色植物：适量添加绿植或花卉，不仅美化环境，还能净化空气，创造自然清新的购物氛围。

任务实践

一、AI 工具准备

下载两款 AI 工具：天工 AI、创客贴。

天工 AI

创客贴

二、天工 AI 效果图设计

以环境氛围营造——照明设计为例，介绍如下：

照明设计是顾客直观感受饮品店风格与氛围的基础，对于提升品饮体验具有至关重要的作用。巧妙的照明布局与光影调控，可以强化空间层次感，使座位区域与操作台相得益彰，既保证了顾客在品饮时的视觉舒适度，又增添了空间的艺术气息。

天工 AI 生成灯光聚焦效果图操作流程见下：

操作流程	显示界面
（1）打开 AI 工具。 （2）在首页工具栏中选取“智能工具”。	
（3）点击 AI 图片生成，在对话框内输入想要的画面关键词或描述句，等待生成。例如：新式茶饮店、明亮装修风格、灯光聚焦产品、吧台明亮等。	
（4）选取并点击其中的一张图片，选择“去扩图”或“去进化”。	

续表

操作流程	显示界面
（5）选择“去扩图”只需等待 AI 自动生成周边图案。选择“去进化”，在对话框内输入更加详细的描述语，等待 AI 自动生成。	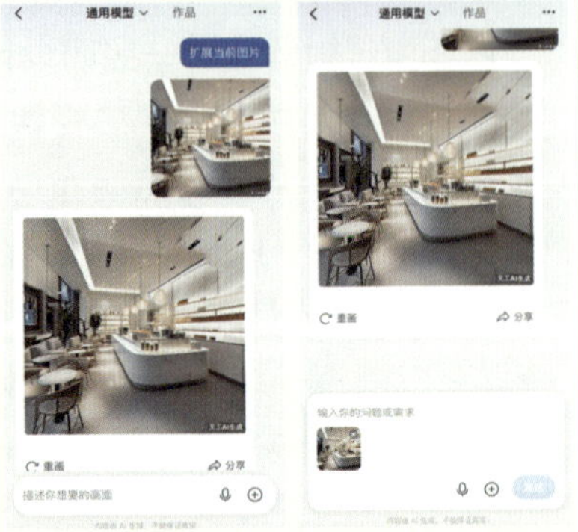
（6）选取图片并保存。	 去扩图 去进化（增加氛围感）

三、创客贴效果图设计

以商品陈列——焦点区域设计为例，介绍如下：

焦点区域的设计旨在第一时间抓住顾客的注意力并引起他们的兴趣。精心策划和布局能有效地利用视觉元素来创造吸引人的焦点区域，从而激发顾客的购买欲望。

用创客贴对橱窗、入口处及收银台旁等关键焦点区域的陈列进行优化调整。在视觉呈现上，特别为新品定制引人注目的海报与贴纸，旨在这些焦点区域中有效展示新品，吸引顾客的目光。

以产品“柚见龙井”为例，运用创客贴生成海报 / 贴纸制作流程见下：

操作流程	显示界面
（1）打开“创客贴”APP。 （2）在首页工具栏中选取“+”。 （3）选择模板中心。 （4）选取“海报”。	

续表

<table>
<tr><th>操作流程</th><th>显示界面</th></tr>
<tr><td>（5）在搜查框内输入“西柚、龙井茶”，选取喜欢的模板。</td><td>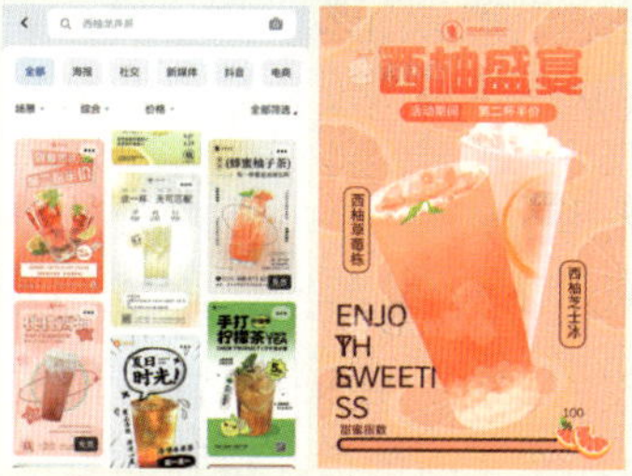
</td></tr>
<tr><td>（6）双击需要修改之处，修改标题，删除或替换多余文字、图片。
（7）点击“添加”，选择“素材”，在对话框中输入关键词“绿叶”。选择喜欢的图样添加到模板内。点击透明度，设置叶片透明程度。
（8）保存图片。
（9）根据以上方式选取不同规格的模板和素材，还可制作贴纸、印章图样等。</td><td>

海报

贴纸

印章</td></tr>
</table>

相关知识

一、人工智能应用发展与趋势

随着人工智能（AI）技术的快速发展，其应用领域不断拓宽，新茶饮行业也正在逐步融入这一科技浪潮，以提升运营效率、优化顾客体验和创新产品服务。

（一）创新产品研发风味创新实验室

结合大数据分析，探索新兴风味组合，提前捕捉市场潮流。利用大数据分析，精准捕捉市场趋势，预测消费者偏好，从而快速响应并开发出符合市场需求的新兴风味组合。

（二）虚拟现实品鉴会

通过 VR 技术，让消费者在家中就能预览新品，增加互动性和参与感。实时收集消费者的即时反馈，通过数据分析快速迭代产品，提升市场竞争力。

（三）聊天机器人客服

引入聊天机器人客服，提供全天候在线咨询服务，快速响应顾客需求，解决常见问题，提升顾客满意度和品牌忠诚度。

（四）AR 体验

结合 AR 技术，新茶饮品牌可以打造独特的沉浸式消费场景，如虚拟试饮、互动游戏等，提升消费乐趣和互动性。通过 AR 技术，消费者可以在享受饮品的同时，参与品牌故事和文化的传播，增强品牌认知度和情感连接。

二、智慧餐饮 4.0: 融合人工智能的未来餐饮发展新方向

随着社会的发展及人工智能的应用，餐饮业正向着多元化、专业化、智能化的方向发展。吴晓蒙、褚泽军、沈群、胡小松、李想、刘楠等梳理了我国餐饮行业的发展历程，分析了智慧餐饮 4.0 的内涵和外延，并系统阐述了相关新型食品科学技术与人工智能技术在该领域的应用趋势。[1]

我国餐饮业发展至今经历了四个典型阶段，一是高度依赖人工的传统餐饮 1.0 阶段，二是基于单机操作的机械化餐饮 2.0 阶段，三是以标准化和数字化为代表的工业化餐饮 3.0 阶段，四是融合了新型食品科学技术与人工智能技术的智慧餐饮 4.0 阶段。我国目前已经步入老龄化社会，餐饮相关的公共卫生服务的进一步完善和老年营养餐服务市场的发展已成为亟待关注的问题，因此，多元化、专业化、智能化的智慧餐饮 4.0 是行业发展的必然趋势。

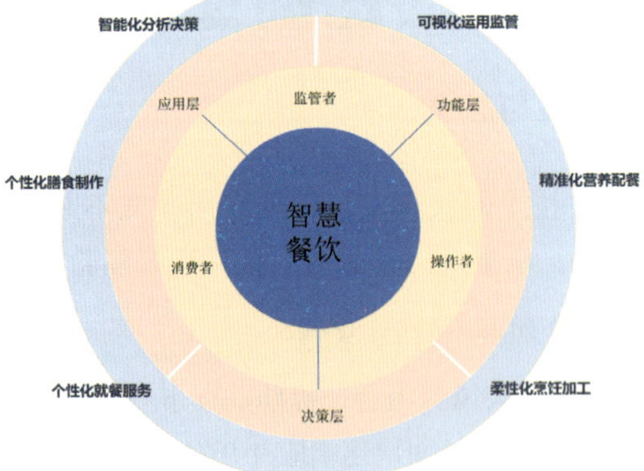

智慧餐饮 4.0 的内涵、构架与外延

[1] 吴晓蒙等 . 智慧餐饮 4.0: 融合人工智能的未来餐饮发展新方向 [J]. 食品科学技术学报，2024，42 (1) :10-19.

训练与拓展

1. 知识巩固

• 填空题

（1）门店视觉效果呈现中，环境氛围的营造可在________、________、________三方面进行呈现。

（2）门店视觉效果呈现中的创意元素融入，可通过________、________、________三方面实现。

• 选择题

（1）常见的门店视觉效果呈现可以从以下哪些方向考虑？（　　）

A. 环境氛围营造　　B. 商品陈列　　C. 创意元素融合　　D. 成本核算

（2）门店的商品陈列应注意层次分明，可采用哪些方法？（　　）

A. 高低错落　B. 利用展示道具　C. 避免视线单一　D. 创设空间立体感

• 判断题

（1）商品陈列焦点区域是指设立明显的焦点区，如橱窗展示、入口处或收银台旁，放置当季主打或特色商品，第一时间抓住顾客眼球。（　　）

（2）门店的视觉效果是吸引顾客的第一印象，直接影响店铺的客流量、最终销售额和顾客停留时间。（　　）

2. 技能精进

•AI 制作茶签

运用创客贴 AI 工具制作新式茶饮“浮云茉莉”的茶签样式。

3. 领域拓展

•“一杯茶的运动精神——移动门店”的 AI 设计

将茶饮与运动的创新融合，不仅是一种生活方式的全新倡导，还旨在借助流动的茶饮花车，传播健康、活力及社交互动的理念。诚邀大家群策群力，并借助 AI 技术的力量，共同设计出更多样化、富有创意的移动茶饮花车门店样式。

以下是运用 AI 初步设计的花车参考样图：

请运用天工 AI、创客贴生成你喜欢的创意移动门店（花车）设计图，并完成表格。

选取 AI 工具	界面	输入主题 / 关键词	生成文字内容 / 移动门店（花车）图片

参考答案